工业机器人技术应用系列
职业教育"十三五"规划教材

U0269727

工业机器人系统集成

◎主　编　蔡泽凡

◎副主编　余志鹏

电子工业出版社

Publishing House of Electronics Industry

北京·BEIJING

内 容 简 介

本书围绕工业机器人典型的搬运码垛、快速分拣、涂胶等核心应用系统，详细介绍了机器人工作站系统的组成、外围系统硬件和软件的构建、机器人与外围系统的接口技术、机器人视觉等典型应用，使学习者在实际操作中掌握机器人工作站系统的集成与应用技能。全书共分为五个项目，包括了机器人工作站外围设备的控制、机器人的示教与编程、机器人的远程控制、机器人的多任务控制以及机器人视觉定位，内容由浅入深，循序渐进。全书采用任务驱动的方式，每个项目均是一个典型的应用任务，同时，寄希望任务的实施以培养学生职业能力、职业素养和团队协作等综合素质。

本书既可作为高职院校工业机器人技术、电气自动化技术及机电一体化技术等相关专业的教材或企业的培训用书，也可供从事工业机器人系统开发等工程技术人员参考。

图书在版编目（CIP）数据

工业机器人系统集成 / 蔡泽凡主编. —北京：电子工业出版社，2018.8

ISBN 978-7-121-34611-8

Ⅰ. ①工… Ⅱ. ①蔡… Ⅲ. ①工业机器人－系统集成技术－高等职业教育－教材 Ⅳ. ①TP242.2

中国版本图书馆 CIP 数据核字（2018）第 142618 号

策划编辑：朱怀永

责任编辑：朱怀永

印　　　刷：北京虎彩文化传播有限公司

装　　　订：北京虎彩文化传播有限公司

出版发行：电子工业出版社
　　　　　北京市海淀区万寿路 173 信箱　邮编　100036

开　　本：787×1 092　1/16　印张：12.75　字数：326.4 千字

版　　次：2018 年 8 月第 1 版

印　　次：2024 年 7 月第 7 次印刷

定　　价：35.80 元

凡所购买电子工业出版社图书有缺损问题，请向购买书店调换。若书店售缺，请与本社发行部联系，联系及邮购电话：（010）88254888，88258888。

质量投诉请发邮件至 zlts@phei.com.cn，盗版侵权举报请发邮件至 dbqq@phei.com.cn。

本书咨询联系方式：（010）88254608，zhy@phei.com.cn。

前　言
PREFACE

本书以实际的机器人工作站作为载体，详解介绍了工作站控制系统的软硬件设计，以机器人的示教编程、PLC 控制系统的软硬件设计以及上位机程序的设计为主要内容，同时还介绍了工作站异构通信网络的设计以及机器人视觉的应用。

全书共分为 5 个项目，每个项目均以任务驱动方式安排内容，难度由易到难，符合学习者的认知规律。

项目一机器人工作站外围设备的控制，包括控制系统的硬件设计、PLC 程序的设计和 NetSCADA 程序的设计。

项目二机器人的示教与编程，包括了机器人坐标系、离线编程等内容。通过本项目的学习，读者将基本掌握史陶比尔机器人的示教与编程。

项目三机器人的远程控制，即可以通过 PC 端的上位机应用程序监控机器人。包括了工作站通信网络的构建、机器人程序的设计、PLC 程序的设计以及 NetSCADA 程序的设计。

项目四机器人的多任务控制。本项目在项目三的基础上引入了机器人的多任务编程，同时使机器人的加工任务更加丰富。

项目五机器人视觉定位。本项目在项目四的基础上引入了视觉功能，具体是实现了对位置不确定的加工对象的动态定位。

本书由蔡泽凡主编，余志鹏副主编。周虹、操建华、邓霞、牛俊英等人对本书的编写提供了很多帮助，电子工业出版社对本书的初稿提出了很多宝贵的意见和建议，在此一并表示衷心的感谢。

由于编者的水平有限，且书中的程序和图表较多，难免有疏漏之处，恳请读者批评指正。

编者

2018 年 8 月

目 录
CONTENTS

项目一　机器人工作站外围设备的控制 ·· 001

　一、功能要求 ·· 001

　二、所需软件 ·· 002

　三、设备连接关系 ·· 002

　四、PLC 程序的设计 ··· 005

　五、NetSCADA 程序的设计 ·· 017

　六、练习 ·· 034

项目二　机器人的示教与编程 ·· 036

　一、功能要求 ·· 036

　二、所需软件 ·· 038

　三、设备连接关系 ·· 038

　四、PLC 程序的设计 ··· 039

　五、机器人程序的设计 ·· 040

　六、相关知识 ·· 048

　七、练习 ·· 068

项目三　机器人的远程控制 ·· 069

　一、功能要求 ·· 069

　二、所需软件 ·· 070

　三、设备连接关系 ·· 070

　四、机器人 1——Ts40 的程序设计 ·· 073

　五、PLC 程序的设计 ··· 090

　六、NetSCADA 程序的设计 ·· 097

　七、相关知识 ·· 103

　八、练习 ·· 115

项目四　机器人的多任务控制 ·· 117

　一、功能要求 ·· 117

　二、所需软件 ·· 117

　三、设备连接关系 ·· 118

　四、机器人 1——Ts40 的程序设计 ·· 121

　五、PLC 程序的设计 ··· 133

　　　　六、NetSCADA 程序的设计 ··· 137

　　　　七、练习 ··· 141

项目五　机器人视觉定位 ··· 144

　　　　一、功能要求 ··· 144

　　　　二、所需软件 ··· 145

　　　　三、设备连接关系 ··· 145

　　　　四、机器人 1——Ts40 的程序设计 ·· 149

　　　　五、PLC 程序的设计 ·· 167

　　　　六、NetSCADA 程序的设计 ··· 179

　　　　七、练习 ··· 189

项目一

机器人工作站外围设备的控制

一、功能要求 ●●●

1. 项目功能

本项目主要是完成 PC、PLC 和外设（机器人除外）之间的集成。

在组态软件 NetSCADA 中设计一个外设监控界面，通过该界面中的按钮控制流水线两个伺服电机的启停、三个相机光源的亮灭、机器人 1 的 4 个电磁阀的开关、机器人 2 的 5 个电磁阀的开关、机器人 3 的 4 个电磁阀的开关、气泵的开关、红绿黄指示灯的亮灭。NetSCADA 窗口界面中能指示这些外设的状态，即显示输出信号 Y000～Y007、Y013～Y015、Y017、Y020～Y027、Y030、Y033～Y036 的状态。

PLC 能采集各类传感器的状态，各类传感器的状态由输入信号 X000～X017 指示，然后在 NetSCADA 窗口界面中显示这些输入信号的状态；另外，PLC 还可以使 3 台机器人公共的急停信号 Y003 无效（输出高电平）。

以上对各类外设的监控实际上是通过 PLC 的程序实现的，NetSCADA 窗口只是相当于用户操作界面。

2. 项目目标

（1）掌握 PC、PLC 和外设（机器人除外）之间的集成方法。

（2）掌握海得 PLC 的原理与编程。

（3）掌握 NetSCADA 的操作与使用。

（4）通过 OPC 通信协议实现 PLC 与 NetSCADA 的通信。

3. 项目重点

（1）海得 PLC 的组态与编程。

（2）NetSCADA 的界面设计。

（3）NetSCADA OPC 驱动的创建与使用。

（4）NetSCADA 与 PLC 的通信。

二、所需软件 ●●●●

所需软件包括：

（1）NetSCADA 5.0 项目开发器 NetSCADA 5.0-DevProject：用于编辑 NetSCADA 程序；

（2）NetSCADA 5.0 监控现场软件 NetSCADA 5.0-Field：用于运行 NetSCADA 程序；

（3）EControlPLC2.1：用于编辑海得 PLC 程序；

（4）海得 PLC 以太驱动 EPL：用于建立 NetSCADA 与海得 PLC 之间的 OPC 驱动。

三、设备连接关系 ●●●●

1. 设备拓扑结构

PC、PLC 和外设之间的拓扑结构如图 1.1 所示，PC、PLC 通过网线和网络交换机相连，组态时 PC 端的 NetSCADA 和 PLC 之间通过 OPC 协议（基于 Modbus TCP）进行通信，PLC 与外设之间通过 DI/O（数字输入/输出接口）进行电气连接。

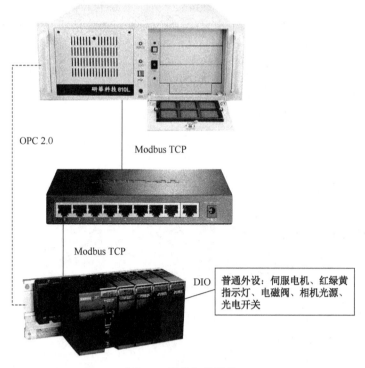

图 1.1　设备拓扑结构

2. 网络拓扑结构

本书涉及的所有设备的网络拓扑图如图 1.2 所示，和设备拓扑结构不同的是，这里只列出通过局域网通信的拓扑图。监控 PC 拥有 5 块独立的网卡，机器人 1~3 有 2 块独立的网卡，相机 1～3 分别通过网线和监控 PC 直接相连；监控 PC、PLC、触摸屏、机器人 1～3 分别通过网线和设备交换机相连，形成一个设备局域网；监控 PC、普通 PC、机器人 1～3 分别通过网线和用户交换机相连，形成一个用户局域网。

运行于监控 PC 的 NetSCADA 组态程序和各个相机直接通过网络进行通信；设备局域网和用户局域网相互隔离；设备局域网使各种设备可以进行通信，又不会受到其他设备的干扰；用户局域网的构建，使得教师和学生的计算机可以直接访问机器人和监控 PC，这样教师和学生所创建的程序就可以直接通过网络下载到机器人和监控 PC 中，极大地提高了使用的便捷性。

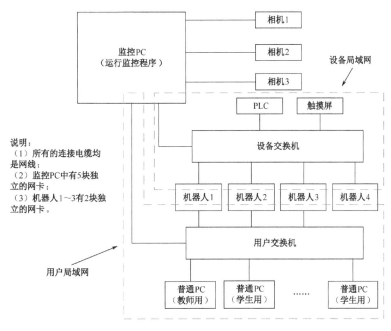

图 1.2　网络拓扑图

3．控制信号列表

在本系统中，需要监控的外设的 I/O 分配情况见表 1-1。

表 1-1　外设 I/O 分配表

外　设	PLC	PC NetSCADA	I/O 类型，以 PLC 为主体
启动按钮	X000	X000	I，高电平有效
停止按钮	X001	X001	I，低电平有效
急停按钮	X002	X002	I，低电平有效
气泵是否过压	X003	X003	I，低电平有效
伺服电机 1 到位信号	X004	X004	I，高电平有效
伺服电机 1 报警信号	X005	X005	I，高电平有效
伺服电机 2 到位信号	X006	X006	I，高电平有效
伺服电机 2 报警信号	X007	X007	I，高电平有效
气泵是否满压	X010	X010	I，高电平有效
机器人 1 光电信号	X011	X011	I，高电平有效

外　　设	PLC	PC NetSCADA	I/O 类型，以 PLC 为主体
机器人 2 光电信号	X012	X012	I，高电平有效
机器人 3 光电信号	X013	X013	I，高电平有效
机器人 4 光电信号	X014	X014	I，高电平有效
机器人 4 光幕信号	X015	X015	I，高电平有效
输入备用 1	X016	X016	I，高电平有效
输入备用 2	X017	X017	I，高电平有效
红色指示灯	Y000	Y000	O
绿色指示灯	Y001	Y001	O
黄色指示灯	Y002	Y002	O
机器人 1 急停信号	Y003	Y003	O，低电平有效
机器人 2 急停信号			
机器人 3 急停信号			
流水线伺服电机 2 使能	Y004	Y004	O
流水线伺服电机 2 运行	Y005	Y005	O
流水线伺服电机 1 使能	Y006	Y006	O
流水线伺服电机 1 运行	Y007	Y007	O
相机 1 光源控制	Y013	Y013	O
相机 2 光源控制	Y014	Y014	O
相机 3 光源控制	Y015	Y015	O
气泵开关	Y017	Y017	O
机器人 1 电磁阀 1	Y020	Y020	O
机器人 1 电磁阀 2	Y021	Y006	O
机器人 1 电磁阀 3	Y022	Y007	O
机器人 1 电磁阀 4	Y023	Y023	O
机器人 2 电磁阀 1	Y024	Y024	O
机器人 2 电磁阀 2	Y025	Y025	O
机器人 2 电磁阀 3	Y026	Y026	O
机器人 2 电磁阀 4	Y027	Y027	O
机器人 2 电磁阀 5	Y030	Y030	O
机器人 3 电磁阀 1	Y033	Y033	O
机器人 3 电磁阀 2	Y034	Y034	O
机器人 3 电磁阀 3	Y035	Y035	O
机器人 3 电磁阀 4	Y036	Y036	O

PC 端 NetSCADA 界面上控制按钮的信号分配情况见表 1-2。

表 1-2　控制按钮的信号分配表

外　　设	PLC	PC NetSCADA
红色指示灯按钮	M2000	M2000
绿色指示灯按钮	M2001	M2001
黄色指示灯按钮	M2002	M2002

续表

外　　设	PLC	PC NetSCADA
流水线伺服电机 2 使能按钮	M2004	M2004
流水线伺服电机 2 运行按钮	M2005	M2005
流水线伺服电机 1 使能按钮	M2006	M2006
流水线伺服电机 1 运行按钮	M2007	M2007
相机 1 光源控制按钮	M2013	M2013
相机 2 光源控制按钮	M2014	M2014
相机 3 光源控制按钮	M2015	M2015
气泵开关按钮	M2017	M2017
机器人 1 电磁阀 1 按钮	M2020	M2020
机器人 1 电磁阀 2 按钮	M2021	M2021
机器人 1 电磁阀 3 按钮	M2022	M2022
机器人 1 电磁阀 4 按钮	M2023	M2023
机器人 2 电磁阀 1 按钮	M2024	M2024
机器人 2 电磁阀 2 按钮	M2025	M2025
机器人 2 电磁阀 3 按钮	M2026	M2026
机器人 2 电磁阀 4 按钮	M2027	M2027
机器人 2 电磁阀 5 按钮	M2030	M2030
机器人 3 电磁阀 1 按钮	M2033	M2033
机器人 3 电磁阀 2 按钮	M2034	M2034
机器人 3 电磁阀 3 按钮	M2035	M2035
机器人 3 电磁阀 4 按钮	M2036	M2036

　　说明：不管是外设控制 I/O 信号还是按钮控制信号，都存在次序错乱或不连贯的现象。这主要由两个原因造成，一是机器人生产线电气连接已经固定，二是为了兼容机器人生产线完整程序的变量定义。后续章节也存在类似情况。

四、PLC 程序的设计 ●●●●

　　关于海得 PLC 的详细使用方法请参阅帮助文档 EPLCHelp.chm。

1. 建立 PLC 工程文件

　　（1）运行 EControl2.1.exe 或双击 图标。
　　（2）如图 1.3 所示，执行"文件"→"新建"，输入工程名称，选择保存路径，填写工程描述（可忽略），单击"确定"按钮。

图 1.3 海得 PLC 新建工程

（3）如图 1.4 所示，在新建成的工程名称 PLCExample1 上右击，在单击的快捷键中选择"插入 PLC"。

（4）在打开的"PLC 属性"对话框中按图 1.5 所示设置 PLC 的属性并单击"确定"按钮。

图 1.4 插入 PLC

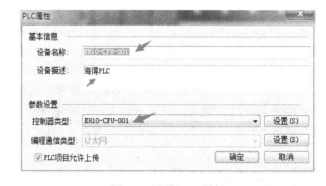

图 1.5 设置 PLC 属性

（5）新工程配置好 PLC 以后的默认文件架构如图 1.6 所示。

（6）配置 PLC 以太网信息。如图 1.7 所示，在文件架构的导航栏的硬件配置中双击"0：EH10-BPX-008"，然后在弹出的"PLC 硬件配置管理"对话框中双击 PLC 图标，然后在打开的"模块配置"对话框中配置 PLC 的以太网信息。这里把其设置为和 PC 机相同的网段，具体配置如图 1.7 所示。当把这个 PLC 工程下载到物理 PLC 中，且 PLC 断电重启后，新的以太网设置才生效。

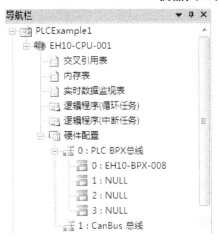

图 1.6 新工程的默认文件架构

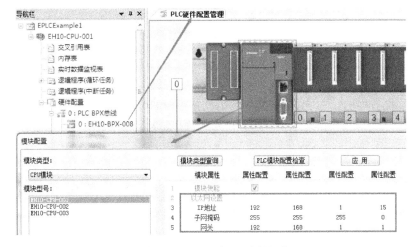

图 1.7 PLC 以太网配置界面

2. 配置输入/输出模块

（1）输入模块配置。在本系统中，PLC 连接了 1 块 16 口的输入模块 EH10-DI-001。如图 1.8 所示，双击"EH10-BPX-008"，在 PLC 的 0 号卡位中右击，在单击的快捷键中选择"配置模块"，按图 1.9 所示设置输入模块。

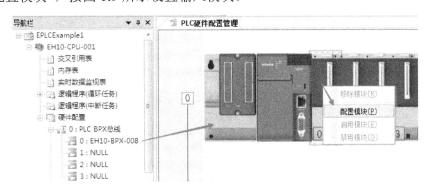

图 1.8 PLC 硬件配置

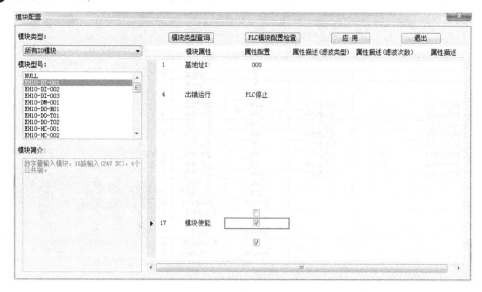

图 1.9　输入模块配置

（2）输出模块配置。在本系统中，在输入模块 EH10-DI-001 之后又连接了 2 块 16 口的输出模块 EH10-DO-T01。在 PLC 的 1 号卡位中右击，在弹出的快捷菜单中选择"配置模块"。在打开"模块配置"对话框中按图 1.10 所示设置第一块输出模块的属性。在 2 号卡位中配置第二块输出模块，其中基地址 Y 设为 020。配置完毕后，PLC 的配置图如图 1.11 所示。

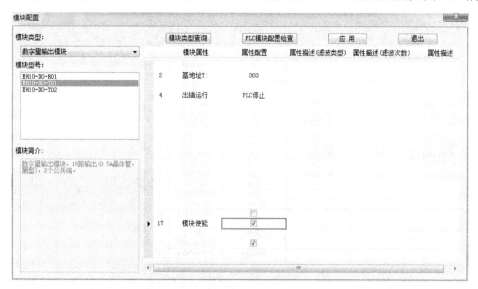

图 1.10　输出模块配置

图 1.11　PLC 完整的硬件配置

3. 创建变量

按照表 1-1 和表 1-2 所示创建 PLC 程序所需要的变量。

（1）如图 1.12 所示，双击"交叉应用表"，然后单击"新建数据点"。

图 1.12　变量创建界面

（2）以启动按钮的控制信号为例，在如图 1.13 所示的对话框中输入相关信息并单击"确定"按钮。

图 1.13　变量属性设置对话框

（3）PLC 程序所需要的所有变量如图 1.14 所示。

变量名	数据类型	变量地址	变量描述
启动	BOOL	X000	
停止	BOOL	X001	
急停	BOOL	X002	
空压机过载	BOOL	X003	
伺服1到位完成	BOOL	X004	
伺服1报警	BOOL	X005	
伺服2到位完成	BOOL	X006	
伺服2报警	BOOL	X007	
空压机压力到达	BOOL	X010	0：压力到，1：压力未到
机器人1光电	BOOL	X011	
机器人2光电	BOOL	X012	
机器人3光电	BOOL	X013	
机器人4光电	BOOL	X014	
机器人4光幕	BOOL	X015	
备用1	BOOL	X016	
备用2	BOOL	X017	

图 1.14　PLC 变量列表

变量名	数据类型	变量地址	变量描述
红灯控制	BOOL	Y000	
绿灯控制	BOOL	Y001	
黄灯控制	BOOL	Y002	
机器人的急停信号	BOOL	Y003	4台机器人的公共急停信号：0：有效，1：无效
伺服2使能	BOOL	Y004	
伺服2运行	BOOL	Y005	
伺服1使能	BOOL	Y006	
伺服1运行	BOOL	Y007	
相机控制1	BOOL	Y010	
相机控制2	BOOL	Y011	
相机控制3	BOOL	Y012	
相机1光源控制	BOOL	Y013	
相机2光源控制	BOOL	Y014	
相机3光源控制	BOOL	Y015	
气泵开关	BOOL	Y017	
机器人1电磁阀1	BOOL	Y020	
机器人1电磁阀2	BOOL	Y021	
机器人1电磁阀3	BOOL	Y022	
机器人1电磁阀4	BOOL	Y023	

变量名	数据类型	变量地址	变量描述
机器人2电磁阀1	BOOL	Y024	
机器人2电磁阀2	BOOL	Y025	
机器人2电磁阀3	BOOL	Y026	
机器人2电磁阀4	BOOL	Y027	
机器人2电磁阀5	BOOL	Y030	
机器人3电磁阀1	BOOL	Y033	
机器人3电磁阀2	BOOL	Y034	
机器人3电磁阀3	BOOL	Y035	
机器人3电磁阀4	BOOL	Y036	

变量名	数据类型	变量地址	变量描述
红灯控制按钮	BOOL	M2000	
绿灯控制按钮	BOOL	M2001	
黄灯控制按钮	BOOL	M2002	
伺服1使能按钮	BOOL	M2004	
伺服1运行按钮	BOOL	M2005	
伺服2使能按钮	BOOL	M2006	
伺服2运行按钮	BOOL	M2007	
相机1光源控制按钮	BOOL	M2013	
相机2光源控制按钮	BOOL	M2014	
相机3光源控制按钮	BOOL	M2015	
气泵开关按钮	BOOL	M2017	
机器人1电磁阀1按钮	BOOL	M2020	
机器人1电磁阀2按钮	BOOL	M2021	
机器人1电磁阀3按钮	BOOL	M2022	
机器人1电磁阀4按钮	BOOL	M2023	
机器人2电磁阀1按钮	BOOL	M2024	

图 1.14　PLC 变量列表（续）

变量名	数据类型	变量地址	变量描述
机器人2电磁阀2按钮	BOOL	M2025	
机器人2电磁阀3按钮	BOOL	M2026	
机器人2电磁阀4按钮	BOOL	M2027	
机器人2电磁阀5按钮	BOOL	M2030	
机器人3电磁阀1按钮	BOOL	M2033	
机器人3电磁阀2按钮	BOOL	M2034	
机器人3电磁阀3按钮	BOOL	M2035	
机器人3电磁阀4按钮	BOOL	M2036	

变量名	数据类型	变量地址	变量描述	
P_ON	BOOL	M8000	RUN时为ON	
P_OFF	BOOL	M8001	RUN时为OFF	
P_ON_First_Cycle	BOOL	M8002	RUN1周期后为OFF	
P_OFF_First_Cycle	BOOL	M8003	RUN1周期后为ON	
P_CYC	BOOL	M8011	扫描周期脉冲	这些变量为系
P_0_1s	BOOL	M8012	100ms脉冲	统自动生成
P_1s	BOOL	M8013	1s脉冲	
P_1min	BOOL	M8014	1min脉冲	
200ms	WORD	D8000	监视定时器	
Tnow	WORD	D8010	当前扫描周期	
Tmin	WORD	D8011	最小扫描时间	
Tmax	WORD	D8012	最大扫描时间	

图 1.14　PLC 变量列表（续）

4．创建程序

本项目中需要建立 1 个主程序、2 个子程序，分别是"Main""数字量输入/输出（P1）""急停（P2）"，其中 Main 作为主程序，调用另外两个子程序。下面以数字量输入/输出（P1）子程序的建立为例介绍程序的创建。

（1）如图 1.15 所示，在逻辑程序（循环任务）导航中右击，在弹出的快捷菜单中选择"新建程序"，在如图 1.16 所示的对话框中设置程序的相关属性。

图 1.15　程序创建开始界面　　　　　图 1.16　程序设置对话框

（2）如图 1.17 所示，程序会依照建立的先后顺序依次排列。为了调整程序的运行顺序，如图 1.18 所示，在逻辑程序（循环任务）导航中右击，在弹出的快捷菜单中选择"设置运行顺序"，然后在如图 1.19 所示的界面中上移或者下移某个程序。一般把主程序命名为 Main。

图 1.17　程序的默认运行顺序　　　　　　　图 1.18　设置程序的运行顺序

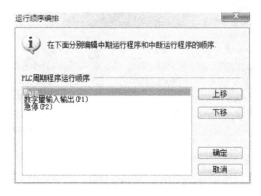

图 1.19　程序运行程顺序编排

5. 编辑程序

以 Main 程序为例，其功能为程序运行后循环调用 P1 和 P2 子程序，程序如图 1.20 所示。

图 1.20　Main 程序

编辑过程如下：

（1）放置常开按钮（与门）⊣⊢。如图 1.21 所示，在工具栏中选择常开按钮（与门）⊣⊢，然后在梯形图程序编辑界面中 1.1 的相应地方单击。

图 1.21　常开按钮（与门）的放置

（2）如图 1.22 所示，双击常开按钮（与门）⊣⊢，设置"元件地址"为 M8000。

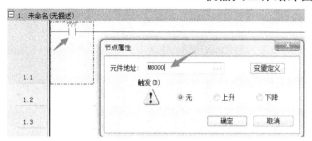

图 1.22　常开按钮的地址设置

（3）放置输出功能块 ▭。如图 1.23 所示，▭放置后默认为 CMP 功能。

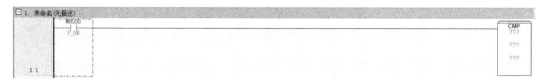

图 1.23　输出功能块的放置

（4）双击 CMP 功能块，在如图 1.24 所示的界面中选择"CALL"指令。

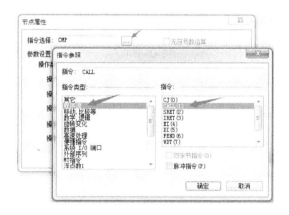

图 1.24　输出功能块的功能改变

（5）单击"确定"按钮以后，设置 CALL 指令的"操作数据 1"为 P1，如图 1.25 所示。

图 1.25　设置 CALL 指令的操作数

（6）如图 1.26 所示，复制 CALL P1 模块，粘贴在 1.2 行的末端。

图 1.26　CALL 指令的复制

（7）修改复制后的 CALL 指令的操作数为 P2，并使该模块连接到干线中，如图 1.27 所示。

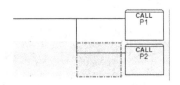

图 1.27　CALL 指令的设置与连接

（8）在程序的最后放置 FEND 功能指令，表示主程序的末尾，如图 1.28 所示。

图 1.28　程序结束指令

（9）急停（P2）程序如图 1.29 所示。

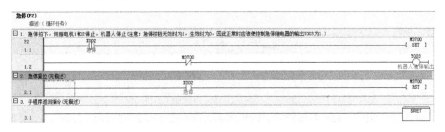

图 1.29　急停（P2）程序

（10）数字量输入/输出（P1）程序如图 1.30 所示。

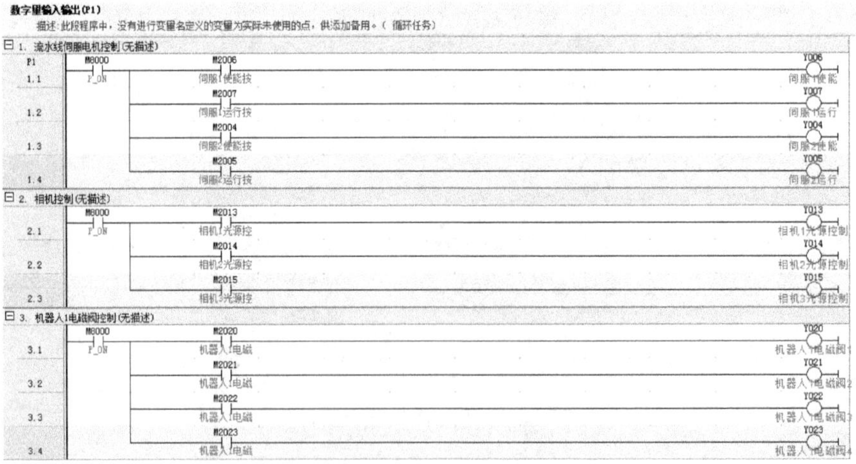

图 1.30　数字量输入/输出（P1）程序

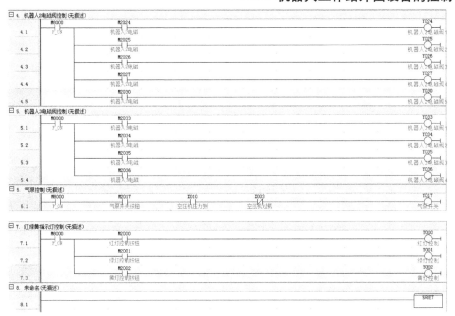

图 1.30　数字量输入/输出（P1）程序（续）

（11）在 CALL 指令中，其操作数 P1 与被调用函数的名称无关，而是指过程编号。如图 1.31 所示，在数字量输入/输出（P1）1.1 行的行首双击，然后打开"过程调用"对话框，并输入"过程编号"为 1，则该程序的过程编号为 P1，P1 就是其他程序调用该程序的编号。用相同的方法为急停（P2）程序设置过程编号 P2。

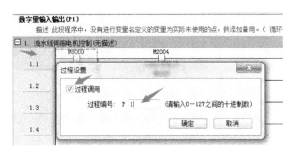

图 1.31　过程编号设置

6．编译程序

编译当前程序。当打开某个程序以后，单击菜单栏中的 编译当前程序(I)，可以对当前的程序进行编译，程序编译结果如图 1.32 所示。

图 1.32　程序编译结果

编译当前 PLC。单击菜单栏中的编译当前PLC(C)，可以对当前 PLC 的所有程序进行编译。

7. 下载程序

海得 PLC 可以通过 USB 线下载，也可以通过以太网下载，这里只介绍通过以太网下载的方式。

注意： 当通过以太网下载程序时，有时候会出现数据丢包，导致 PLC 不能正常工作，PLC 出现 ERROR 的情况。此时以太网下载模式失效，只能通过 USB 线下载。使用 USB 编程模式时，对应的计算机必须安装 HiteUSBDriver。

（1）网络连接。PLC 和 PC 用网线直连，或者分别和同一个交换机连接。

（2）控制器编程设置。如图 1.33 所示，单击"e-Control 控制器"→"控制器编程设置(I)"，弹出如图 1.34 所示的"控制器编程通信设置"对话框，共支持三种编程通信模式，即 EtherNet、USB 和互联网，此处选择"EtherNet"。

图 1.33 "控制器编程设置"命令项   图 1.34 "控制器编程通信设置"对话框

（3）以太网配置。如图 1.35 所示，在"e-Control 控制器"菜单中单击"以太网口配置"，打开如图 1.36 所示的"e-Control PLC 以太网配置"对话框，单击"IP 搜索"按钮。

注意： 当 PC 和 PLC 的处于同一个网段时才能够成功搜索到 PLC 的 IP 地址。

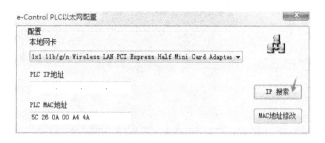

图 1.35 "以太网配置"命令项   图 1.36 "e-Control PLC 以太网配置"对话框

（4）单击菜单栏中的 编译下载，然后在如图 1.37 所示的对话框中单击 按钮。

图 1.37　程序下载设置

五、NetSCADA 程序的设计 ●●●●

NetSCADA 的详细使用方法请参阅"NetSCADA 使用手册"。

1. 建立 NetSCADA 工程文件

（1）双击 图标。

（2）在 NetSCADA 项目编辑器中执行"文件→新建"，在如图 1.38 所示的对话框中输入项目名称，选择保存的目录。

图 1.38　"新建项目"对话框

2. 建立 OPC 驱动并配置数据块

如图 1.39 所示，PC、PLC 通过 RJ45（网线）和网络交换机相连，组态时，PC 端的 NetSCADA 和 PLC 之间通过 OPC 进行通信，因此在项目中必须建立 NetSCADA 和 PLC 之间的 OPC 驱动。

图 1.39　海得 PLC 以太驱动程序 EPL 安装起始界面

（1）**安装 OPC 驱动**。运行海得 PLC 以太驱动 EPL 程序——Setup.exe，如图 1.39 所示，两次单击"NExt"按钮，中间保持默认信息。如果在安装期间出现杀毒软件的拦截，则应该选择允许安装。安装完毕后的界面如图 1.40 所示。

图 1.40　海得 PLC 以太驱动程序 EPL 安装完成界面

（2）**增加 OPC Server**。如图 1.41 所示，在项目导航区的"驱动"→"OPC 驱动"条目上右击，在弹出的快捷菜单中选择"增加 OPC Server"。如图 1.42 所示，在 OPC Server 列表中选择"NetSCADA.EPLOPC"，确定以后保持默认信息。

图 1.41　OPC 驱动增加起始界面

图 1.42　选择海得 OPC 驱动

（3）**配置 OPC Server**。在新增的 NetSCADA.EPLOPC 驱动中右击，在弹出的快捷菜单中选择"配置 OPC Server"，如图 1.43 所示。

图 1.43　OPC 驱动配置进入界面

（4）**Add Channel**。在配置窗口中单击"Add Channel"按钮 。

（5）**配置 Channel**。如图 1.44 所示，保持默认的信道名 Channel0，勾选"Enable"。

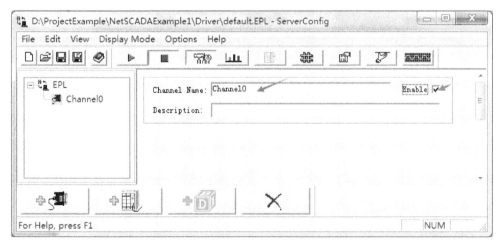

图 1.44　配置 OPC 信道

（6）**Add Device**。选择 Channel0，然后单击"Add Device"按钮 。

（7）配置 **Device**。按照如图 1.45 所示配置 Primary Mode 和 Primary Device，其中 Primary IP 为需要和 NetSCADA 通信的 PLC IP 地址。

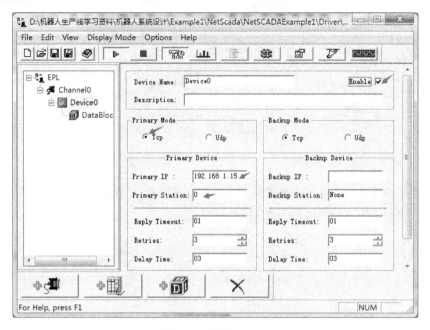

图 1.45 配置 Device

（8）**Add Data Block**。如图 1.46 所示，选择 Device0，单击"Add Data Block"按钮 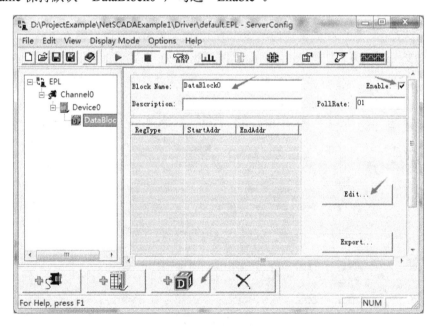，
Block Name 保持默认"DataBlock0"，勾选"Enable"。

图 1.46 Add Data Block 界面

（9）**配置数据块**。本项目需要为海得 PLC 配置 X、Y 和 M 三个数据块，具体见表 1-3。
在图 1.46 所示的界面中，单击 ┌─ Edit...─┐ 按钮进入编辑状态，分别为 X、Y 和 M 三个数据块
设置 RegType、StartAddr、EndAddr，需要单击 « Add To List » 按钮把具体的数据库添入系统中。
如图 1.47 所示，设置完毕后单击 ─ OK ─ 按钮结束编辑状态。

表 1-3　OPC 变量表

数据区类型	数据范围	地址范围	数据块大小
X	X000～X007、X010～X017	0～15	16 位
Y	Y000～Y007、Y010～Y017、Y020～Y027、Y030～Y037、Y040～Y047	0～47	48 位
M	M2000～M2007、M2010～M2017、M2020～M2027、M2030～M2037	2000～2100	101 位

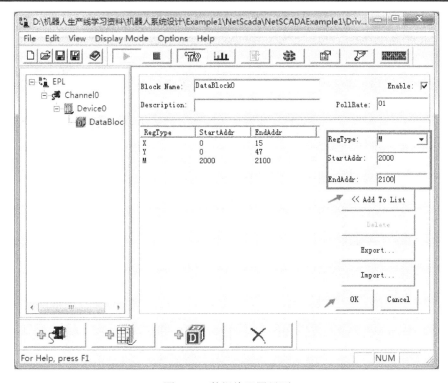

图 1.47　数据块配置界面

说明：

① X、Y 的地址和 M 的地址有所不同，当 X 的地址范围为 0～15 时，实际上表示 X0～X7 和 X10～X17，共 16 位，这里类似于每 8 位组成一个字节；而当 M 的地址范围为 0～15 时，实际上表示 M0～M15，共 16 位。

② M 定义的地址范围要比实际使用的要多，否则通信不正常。

（10）**保存**。在操作 OPC 驱动期间应单击 ■ 按钮进行保存，保存名字保持默认的 default.EPL。

3．配置变量

（1）**进入变量配置界面**。在项目导航栏中，双击变量配置图标 ，打开如图 1.48 所示的变量配置界面。

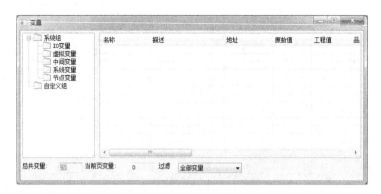

图 1.48　变量配置界面

（2）**建立变量组**。在自定义组中建立三个子变量组"数字输入口""数字输出口""按钮控制变量"。

（3）**进入变量添加界面**。如图 1.49 所示，选择"数字输入口"，在变量列表块中右击，在弹出的快捷菜单中选择"增加变量"。

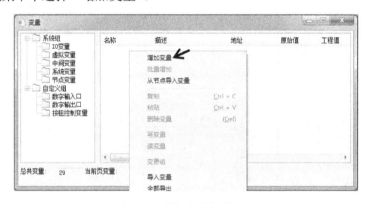

图 1.49　增加变量起始界面

（4）**添加 OPC 变量**。以建立输入变量 X001 为例，如图 1.50 所示，按照 1～8 步操作，其中地址"Device0：X[0]"修改为实际对应的地址"Device0：X[1]"，如图 1.51 所示。本例所需要的所有数字输入变量、数字输出变量、按钮控制变量分别如图 1.52、图 1.53、图 1.54 所示。

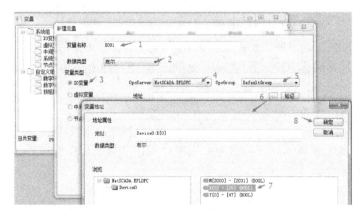

图 1.50　添加 OPC 驱动中的变量

图 1.51 OPC 驱动中的变量添加完成界面

图 1.52 所有的数字输入信号

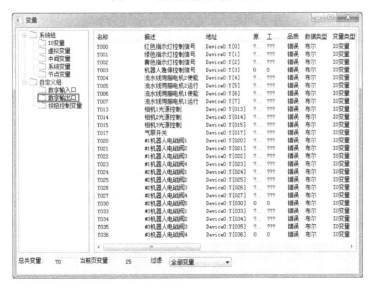

图 1.53 所有的数字输出信号

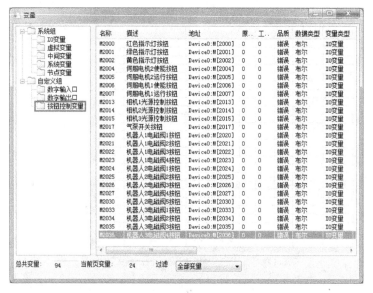

图 1.54　所有的按钮控制信号

4．创建数值映射表

在编辑用户界面有些按钮的显示文字需要自动切换，为了做到这种显示效果，需要在系统中建立数值映射表，所需要的数值映射变量见表 1-4。

表 1-4　数值映射变量表

数值映射变量	值	描　　述
开启或关闭气泵	0	开启气泵
	1	关闭气泵
气泵气压是否到达	0	气泵气压已到达
	1	气泵气压未到达
气泵气压是否过载	0	气泵气压未过载
	1	气泵气压已过载
红灯亮灭	0	亮红灯
	1	灭红灯
绿灯亮灭	0	亮绿灯
	1	灭绿灯
黄灯亮灭	0	亮黄灯
	1	灭黄灯

下面以"开启或关闭气泵"为例介绍数值映射变量的创建方法。

（1）如图 1.55 所示，在数值映射表上右击，在弹出的快捷菜单中选择"增加"，然后弹出数值映射表属性设置界面。

图 1.55　数值映射变量创建开始

（2）按图 1.56 所示的步骤建立一个具体的数值映射变量，第一步在"名称"中输入变量名，如"开启或关闭气泵"；第二步单击"增加"按钮；第三步输入值 0；第四步输入值 0 对应的描述；第五步单击"确定"按钮。重复第二步至第五步，完成值 1 对应的描述，完成后如图 1.57 所示。

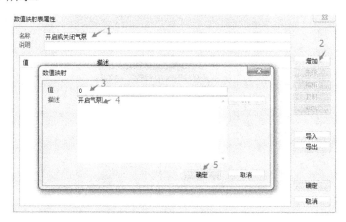

图 1.56　数值映射表属性设置

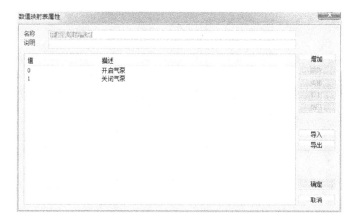

图 1.57　数值映射变量的完整属性

5．编辑用户界面窗口

（1）**新建窗口**。如图 1.58 所示，在项目导航区的"窗口"条目上右击，在弹出的快捷菜单中选择"增加窗口"，输入新窗口的名称为"shoudong"。设计完毕的 shoudong 窗口运行后的效果如图 1.59 所示。

图 1.58　新建窗口操作

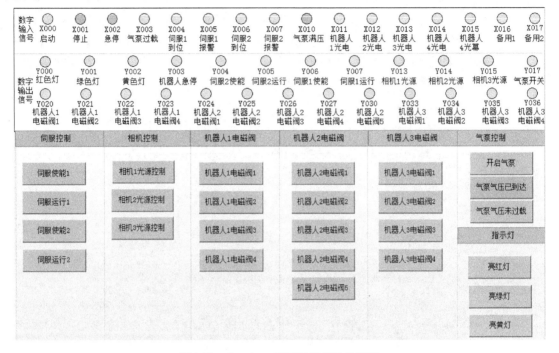

图 1.59　shoudong 窗口运行后的效果图

（2）**设置窗口属性**。双击 shoudong 窗口名称 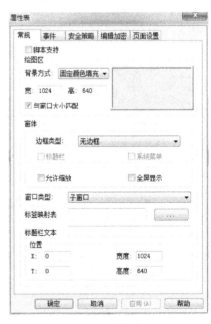，然后在窗口编辑区中右击，在弹出的快捷菜单中选择"窗体属性"，如图 1.60 所示。然后按照图 1.61 所示设置 shoudong 窗口的属性，窗口的宽、高可以根据分辨率灵活设置。

图 1.60　进入窗体属性设置界面　　　　　图 1.61　窗口属性设置

（3）**绘制窗口衬底**。为了美化窗口的显示效果，需要在 shoudong 窗口中绘制一个衬底，如图 1.62 所示，衬底包括 1 条直线、7 个文本和 14 个矩形。

　　直线的主要属性见表 1-5，分别在"通用"和"线条"两个选项卡中设置，如图 1.63 所示。

　　7 个文本位于矩阵 2～8 的居中位置，其内容见表 1-6。

　　14 个矩形的主要属性见表 1-7，其中的渐变色填充设置如图 1.64 所示。

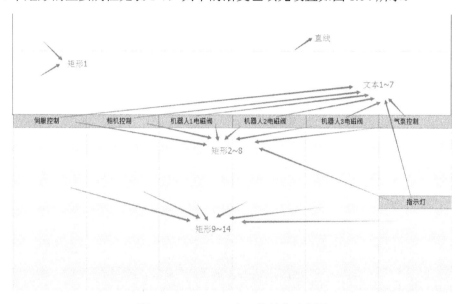

图 1.62　shoudong 窗口的衬底示意图

表 1-5　直线的主要属性

位　置	线　型	线　宽	颜　色
左 0，顶 85； 宽 1020，高 0	虚线	1	纯色； 色调 160，饱和度 0，亮度 181； 红 192，绿 192，蓝 192

（a）

（b）

图 1.63　直线的属性

表1-6　文本内容

文本1	文本2	文本3	文本4	文本5	文本6	文本7
伺服控制	相机控制	机器人1电磁阀	机器人2电磁阀	机器人3电磁阀	气泵控制	指示灯

表1-7　矩形的主要属性

	矩形1	矩形2~8	矩形9~14
位置	左0，顶0	矩形2：左0，顶229； 矩形3：左170，顶229； 矩形4：左340，顶229； 矩形5：左510，顶229； 矩形6：左680，顶229； 矩形7：左850，顶229； 矩形8：左850，顶411	矩形9：左0，顶250； 矩形10：左170，顶250； 矩形11：左340，顶250； 矩形12：左510，顶250； 矩形13：左680，顶250； 矩形14：左850，顶250
宽、高	宽1024，高230	宽170，高29	宽170，高370
填充	实体填充； 色调160，饱和度0，亮度240； 红255，绿255，蓝255	实体填充； 色调120，饱和度30，亮度169； 红170，绿189，蓝189	渐变色填充； 渐变颜色1： 色调160，饱和度0，亮度240； 红255，绿255，蓝255； 渐变颜色2： 色调120，饱和度31，亮度214； 红224，绿231，蓝231； 渐变方式：方式1，从上到下

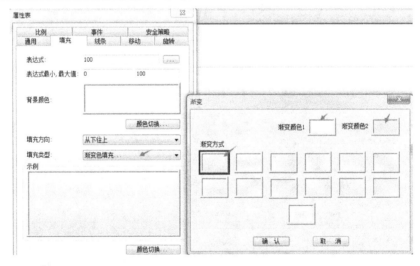

图1.64　渐变色填充设置

（4）**输入/输出状态显示的设计**。如图1.65所示，本项目对所有的数字输入/输出的状态进行监视。以X000为例，其状态用一个椭圆组件进行显示，当X000=0时椭圆显示灰色，当X000=1时显示绿色；在椭圆图形的下面用文本"X000"表示监视的是哪一个I/O口，用文本"启动"表示该I/O口的实际意义。

各个椭圆组件的宽为20、高为20，第一行椭圆的顶为10，第二行椭圆的顶为90，第三行椭圆的顶为150。各个椭圆组件的填充属性设置见表1-8。

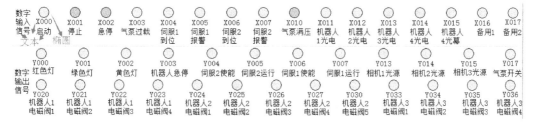

图 1.65　输入/输出状态显示

表 1-8　各个椭圆组件的填充属性设置

	X001、X002、X010	Y000	Y002	其　他
表达式	对应的监视变量，如 X001	Y000	Y002	对应的监视变量，如 X000
背景色	（绿色） 色调 80，饱和度 240，亮度 120； 红 0，绿 255，蓝 0	（红色） 色调 0，饱和度 240，亮度 120； 红 255，绿 0，蓝 0	（黄色） 色调 40，饱和度 240，亮度 120； 红 255，绿 255，蓝 0	（灰色） 色调 160，饱和度 0，亮度 206； 红 219，绿 219，蓝 219
实体填充颜色	（灰色） 色调 160，饱和度 0，亮度 206； 红 219，绿 219，蓝 219	（灰色） 色调 160，饱和度 0，亮度 206； 红 219，绿 219，蓝 219	（灰色） 色调 160，饱和度 0，亮度 206； 红 219，绿 219，蓝 219	（绿色） 色调 80，饱和度 240，亮度 120； 红 0，绿 255，蓝 0

以输入 X000、X001 为例，两者的填充设置分别如图 1.66、图 1.67 所示，两者的背景色和填充颜色刚好相反。请思考两者为什么会有此不同。

图 1.66　输出 X000 的填充设置　　　　图 1.67　输入 X001 的填充设置

6．控制按钮的设计

如图 1.68 所示，控制按钮被分成了 7 组，每个按钮的宽×高为 121×41。除了气泵控制、指示灯这最后 2 组的按钮，前 5 组按钮的设计类似，它们的填充背景色为灰色，实体填充颜色为绿色，颜色的具体设置同表 1-8，填充表达式和事件属性见表 1-9。

图 1.68　控制按钮的分布图

表 1-9　前 5 组按钮的填充表达式和事件属性

按　钮	填充表达式	事　件	按　钮	填充表达式	事　件
伺服使能 1	M2006	左键按下： M2006=!M2006	机器人 1 电磁阀 4	M2023	左键按下： M2023=!M2023
伺服运行 1	M2007	左键按下： M2007=!M2007	机器人 2 电磁阀 1	M2024	左键按下： M2024=!M2024
伺服使能 2	M2004	左键按下： M2004=!M2004	机器人 2 电磁阀 2	M2025	左键按下： M2025=!M2025
伺服运行 2	M2005	左键按下： M2005=!M2005	机器人 2 电磁阀 3	M2026	左键按下： M2026=!M2026
相机 1 光源控制	M2013	左键按下： M2013=!M2013	机器人 2 电磁阀 4	M2027	左键按下： M2027=!M2027
相机 2 光源控制	M2014	左键按下： M2014=!M2014	机器人 2 电磁阀 5	M2030	左键按下： M2030=!M2030
相机 3 光源控制	M2015	左键按下： M2015=!M2015	机器人 3 电磁阀 1	M2033	左键按下： M2033=!M2033
机器人 1 电磁阀 1	M2020	左键按下： M2020=!M2020	机器人 3 电磁阀 2	M2034	左键按下： M2034=!M2034
机器人 1 电磁阀 2	M2021	左键按下： M2021=!M2021	机器人 3 电磁阀 3	M2035	左键按下： M2035=!M2035
机器人 1 电磁阀 3	M2022	左键按下： M2022=!M2022	机器人 3 电磁阀 4	M2036	左键按下： M2036=!M2036

由表 1-9 可见，每个按钮的填充表达式和事件对应的是同一个变量。以"伺服使能 1"按钮为例，如图 1.69 所示，当鼠标左键按下时，名为 M2006 的变量值取反（开关赋值），然后按钮的颜色在灰色和绿色之间切换。

图 1.69 "伺服使能 1"按钮的事件设置

后 2 组按钮的属性有所不同，主要属性见表 1-10，最大的不同是这 6 个按钮的文字会根据对应的变量的变化而变化。以"开启/关闭气泵"按钮为例，如图 1.70 所示，该按钮的文本由变量 M2017 和数值映射变量"开启或关闭气泵"控制，当 M2017=0 时显示的文本为"开启气泵"，当 M2017=1 时显示的文本为"关闭气泵"。

表 1-10 后 2 组按钮的主要属性

按　钮	文本变量表达式	填　充	事　件
开启/关闭气泵	表达式：M2017； 数值映射表：开启或关闭气泵	表达式 M2017(最小值 0，最大值 1)； 背景颜色（灰色）； 色调 160，饱和度 0，亮度 206，红 219，绿 219，蓝 219； 实体填充颜色（绿色）； 色调 80，饱和度 240，亮度 120，红 0，绿 255，蓝 0	左键按下： M2017=!M2017
气泵气压是否到达	表达式：X010； 数值映射表:气泵气压是否到达	表达式:X010(最小值 0，最大值 1)； 背景颜色（绿色）； 色调 80，饱和度 240，亮度 120，红 0，绿 255，蓝 0； 实体填充颜色（灰色）； 色调 160，饱和度 0，亮度 206，红 219，绿 219，蓝 219	无

按　　钮	文本变量表达式	填　　充	事　　件
气泵气压是否过载	表达式：X003； 数值映射表：气泵气压是否过载	表达式：X003（最小值 0，最大值 1） 背景颜色（灰色）： 色调 160，饱和度 0，亮度 206，红 219，绿 219，蓝 219； 实体填充颜色（绿色）： 色调 80，饱和度 240，亮度 120，红 0，绿 255，蓝 0	无
红灯亮灭	表达式：M2000； 数值映射表：红灯亮灭	表达式：M2000（最小值 0，最大值 1）； 背景颜色（灰色）： 色调 160，饱和度 0，亮度 206，红 219，绿 219，蓝 219； 实体填充颜色（红色）： 色调 0，饱和度 240，亮度 120，红 255，绿 0，蓝 0	左键按下： M2000=!M2000
绿灯亮灭	表达式：M2001； 数值映射表：绿灯亮灭	表达式：M2001（最小值 0，最大值 1）； 背景颜色（灰色）： 色调 160，饱和度 0，亮度 206，红 219，绿 219，蓝 219； 实体填充颜色（绿色）： 色调 80，饱和度 240，亮度 120，红 0，绿 255，蓝 0	左键按下： M2001=!M2001
黄灯亮灭	表达式：M2002； 数值映射表：黄灯亮灭	表达式：M2002（最小值 0，最大值 1）； 背景颜色（灰色）： 色调 160，饱和度 0，亮度 206，红 219，绿 219，蓝 219； 实体填充颜色（黄色）： 色调 40，饱和度 240，亮度 120，红 255，绿 255，蓝 0	左键按下： M2002=!M2002

"气泵气压是否到达"和"气泵气压是否过载"虽然形式上是按钮，但实际上没有按钮事件操作。把它们和"开启/关闭气泵"按钮放在一起是为了彰显它们之间的紧密性，使用按钮来展示是为了显示效果的协调性。

7．设置运行参数

在 NetSCADA 中，可能存在多个窗口，系统允许设置运行时默认运行的窗口，步骤如下：

（1）双击🔧 运行参数 。

（2）在如图 1.71 所示的界面中，在当前存在的窗口中选择 "shoudong.gpi"，然后单击 ⬛ ，选中的窗口将出现在运行时自动打开的窗口中。

（3）单击"确定"按钮。

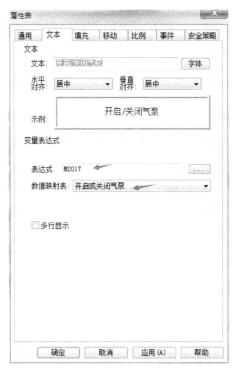

图 1.70 "开启/关闭气泵"按钮的文本设置

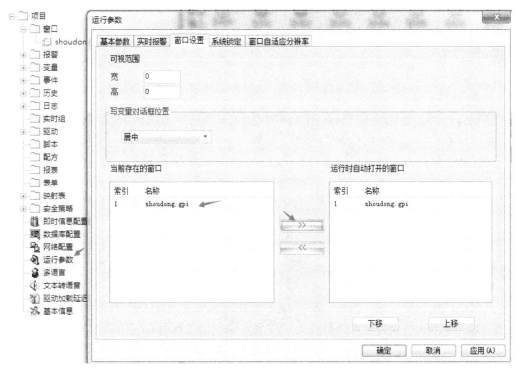

图 1.71 运行参数设置界面

8. 运行程序

在菜单栏中单击▶，可以运行程序，效果如图 1.72 所示。NetSCADA 和 PLC 之间的数据将通过 OPC 进行同步。

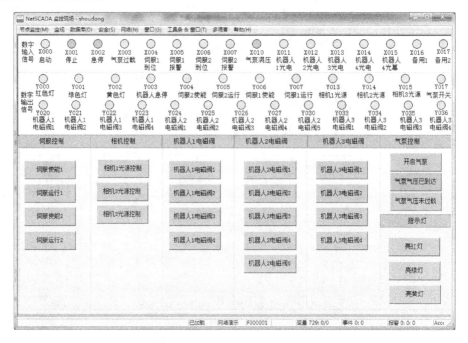

图 1.72　NetSCADA 运行效果图

六、练习 ●●●

功能要求：

在项目一的基础上增加气泵自动启动的控制，气泵的控制要求和状态显示具体如下：

手动控制：在 NetSCADA 的界面中，设置一个"启动/关闭气泵"按钮，实现气泵的启停。气泵处于停止状态时，按钮的文本显示为"启动气泵"；气泵处于启动状态时，按钮的文本显示为"关闭气泵"。**注意**，该功能在项目一中已经实现。

自动控制：当机器人 1 光电信号生效时，气泵启动，"启动/关闭气泵"按钮的显示文本自动切换为"关闭气泵"。 **注意**，本功能是练习需要增加的内容。

当气泵的气压达到（气泵是否满压信号 X010）或者超过设定气压（气泵是否过压信号 X003）时，气泵自动关闭，"启动/关闭气泵"按钮的显示文本自动切换为"开启气泵"。**注意**，该功能在项目一中已经实现。

气泵气压达到后，绿灯闪烁 3 次，间隔为 1s，闪烁完毕绿灯熄灭；气泵气压超压后，红灯常亮，恢复正常压力后，红灯熄灭。**注意**，本功能是练习需要增加的内容。

气泵的启停状态有指示，红灯、绿灯的亮灭有状态显示。**注意**，该功能在项目一中已经实现。

为机器人 1 光电信号、气泵是否满压信号、气泵是否过压信号设置相应的模拟信号，模拟信号和实际的信号属于并联关系。以机器人 1 光电信号为例，当实际的光电信号生效和相应的模拟信号生效都可以使气泵启动，模拟信号的设置主要是为了方便测试。**注意，本功能是练习需要增加的内容。**

已知条件：

（1）NetSCADA 控制界面可以参考图 1.73 设计。

（2）在项目 1 的基础上，增加表 1-11、表 1-12 和表 1-13 所列的变量。

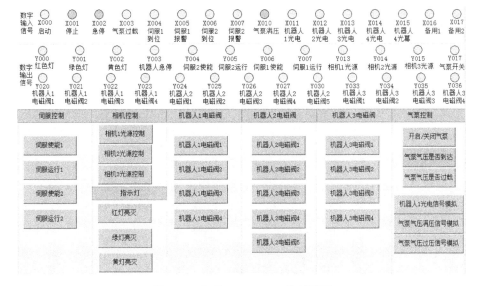

图 1.73　参考 NetSCADA 控制界面

表 1-11　PLC 与 NetSCADA 共有的变量

变　　量	PLC	PC NetSCADA
机器人 1 光电信号模拟信号	M2037	M2037
气泵气压满压信号模拟信号	M2038	M2038
气泵气压过压信号模拟信号	M2039	M2039

表 1-12　PLC 独有的变量

变　　量	PLC	变量	PLC
气泵启停辅助变量	M2040	绿灯闪烁标志	M2042
气泵气压满压标志信号	M2041	绿灯闪烁间隔计时器	T1
		绿灯闪烁次数统计变量	D10

表 1-13　NetSCADA 独有的变量

数值映射变量	值	描　　述
机器人 1 光电信号模拟信号设置	0	使光电模拟信号生效
	1	使光电模拟信号无效
气泵满压模拟信号设置	0	使气泵满压模拟信号生效
	1	使气泵满压模拟信号无效
气泵过压模拟信号设置	0	使气泵过压模拟信号生效
	1	使气泵过压模拟信号无效

项目二

机器人的示教与编程

一、功能要求●●●

1. 项目功能

本项目分别要完成对机器人 1Ts40、机器人 2Tx60 的简单示教与编程，具体是使机器人完成如图 2.1 所示的运动轨迹。运动轨迹分为 8 段，编号为 1~8，需要示教一个工件坐标系 fBallPallet（或 fMouseSeat）和三个坐标点 jHome、pBallPickPos1（或 pPos1）、pBallPickPos2（或 pPos2）。

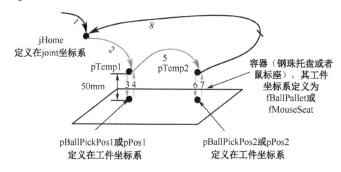

图 2.1　机器人运动轨迹图

fBallPallet 是钢珠托盘的工件坐标系，本坐标系为水平坐标系，用于机器人 1Tx40，具体如图 2.2 所示。

fMouseSeat 是鼠标座的工件坐标系，用于机器人 2Ts60，具体如图 2.3 所示。与机器人 1 的工件坐标系 fBallPallet 不同，本坐标系为非水平工件坐标系，对建立在本坐标系下的各坐标点示教时，为了保证机器人的末端与工件平面垂直，需要用到 Point 运动模式的对齐功能，如图 2.4 所示。

jHome 是示教在 joint 坐标系下的点。

pBallPickPos1 和 pBallPickPos2 是示教在 fBallPallet 坐标系下的点。

pPos1 和 pPos2 是示教在 fMouseSeat 坐标系下的点。

pTemp1 和 pTemp2 可以利用 appro 指令分别在 pBallPickPos1（或 pPos1）和 pBallPickPos2（或 pPos2）的基础上获得。例如：

pTemp1=appro（pBallPickPos1，trZ）

pTemp2=appro（pBallPickPos2，trZ）

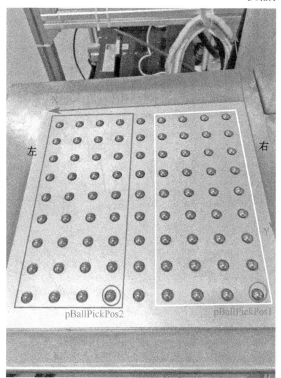

图 2.2　钢珠托盘的工件坐标系

图 2.3　鼠标座的工件坐标系

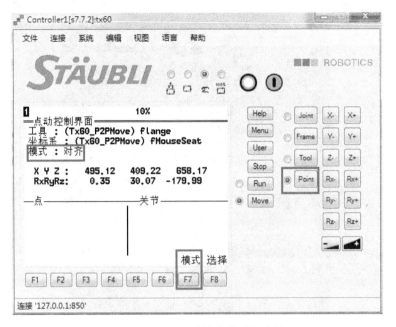

图 2.4   Point 运动模式的对齐功能

2. 项目目标

（1）理解史陶比尔机器人的坐标系。

（2）掌握史陶比尔机器人的示教与编程。

3. 项目重点

（1）机器人的坐标系。

（2）坐标系、坐标点的示教。

（3）机器人编程。

（4）机器人的仿真和在线运行测试。

二、所需软件 ●●●●

EControlPLC2.1：用于编辑海得 PLC 程序；

Staubli Robotics Suite （SRS）2013.4.4：史陶比尔机器人离线编程软件；

ftpsurfer107：用于访问史陶比尔机器人控制器 ftp 服务器，实现文件的上传与下载。

三、设备连接关系 ●●●●

本项目的主要硬件设备与控制信号包括机器人 1——Ts40、机器人 2——Tx60、海得 PLC 和机器人急停信号，设备之间的拓扑结构如图 2.5 所示，两台机器人和 PLC 都通过网线连接到交换机中。在本项目中，机器人和 PLC 之间并没有具体的通信，只是两台机器人的急停信号由 PLC 控制，该急停信号由 PLC 的一个数字输出口控制，急停信号的定义和项目一相同。机器人和 PLC 都不需要组态通信协议。

　　本例的主要目的是练习机器人的示教与编程，且两台机器人单独编程。两台机器人的急停信号由机械急停按钮、示教器急停按钮和 PLC 急停输出信号等 3 组信号并联组成，为了使机器人能够正常运行，机械急停按钮、示教器急停按钮必须处于弹出状态，PLC 急停输出信号必须无效（即输出高电平）。

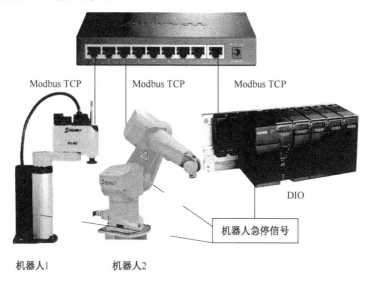

图 2.5　设备之间拓扑结构

四、PLC 程序的设计 ●●●●

　　注意：本项目中虽然只有机器人的操作，但是由于实训的机器人已经被固接在自动化生产线中，其急停触点受到 PLC 的控制，且为低电平有效，因此对应的 PLC 必须运行程序，使机器人的急停触点处于无效状态（即急停信号输出高电平），否则机器人将无法正常工作。

　　（1）创建变量。如图 2.6 所示，在交叉引用表中增加停止（X001）、急停（X002）和机器人急停输出（Y003）等 3 个变量。

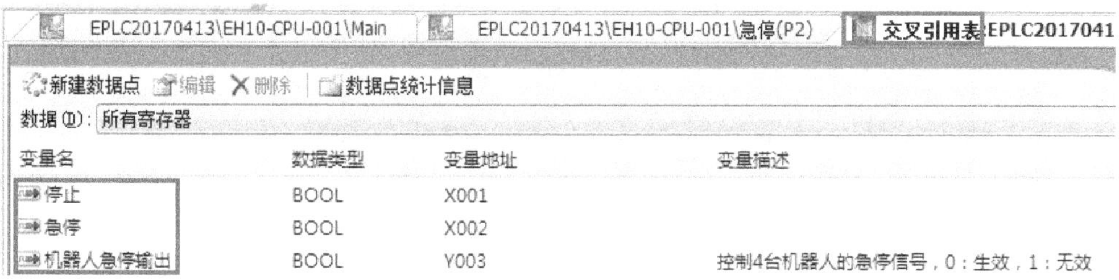

变量名	数据类型	变量地址	变量描述
停止	BOOL	X001	
急停	BOOL	X002	
机器人急停输出	BOOL	Y003	控制4台机器人的急停信号，0：生效，1：无效

图 2.6　在交叉引用表中增加 3 个变量

　　（2）编写程序。编写如图 2.7 所示的控制程序。

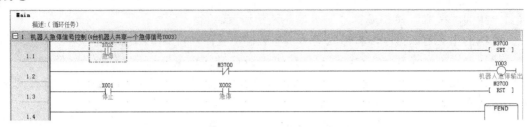

图 2.7　Main 程序中的程序

（3）下载并运行程序。把程序下载到海得 PLC 中并运行该程序。

五、机器人程序的设计 ●●●●

1. 机器人 1Ts40 的程序设计

程序设计步骤如下，如使用示教器则步骤（1）～（6）不需要。

（1）**新建单元**。如图 2.8 所示，在史陶比尔机器人程序开发环境 SRS-STAUBLI Robotics Suite 中单击"新建单元向导"。

图 2.8　SRS 新建单元开始界面

（2）**设置新单元名称**。如图 2.9 所示，输入新建单元的名字 Ts40_P2Pmove，并选择保存的位置，单击"下一步"按钮。

图 2.9　设置新建单元名称

（3）**添加控制器**。如图 2.10 所示，选择"添加本地控制器"。

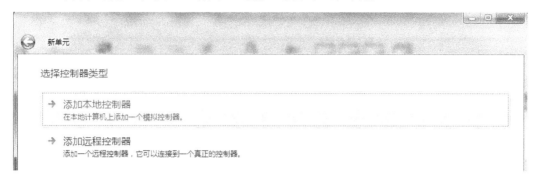

图 2.10　添加控制器

（4）**设置控制器参数**。如图 2.11 所示，设置控制器的参数，单击"下一步"按钮。

图 2.11　设置控制器 Ts40 的参数

（5）本地控制器选项保持默认设置，单击"下一步"按钮。

（6）**显示模拟器**。如图 2.12 所示，在单元浏览器中右击"Controller1"并选择"显示模拟器"，此时将打开如图 2.13 所示的模拟器默认界面。

如果模拟器不能独立显示，而是出现如图 2.14 所示的情况，如图 2.15 所示，勾选模拟器"启动模式独立"的选项。

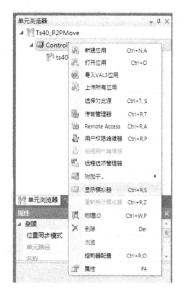

图 2.12　显示模拟器

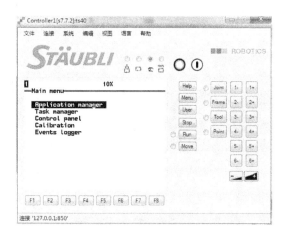

图 2.13　模拟器默认界面

图 2.14　模拟器启动模式为非独立的显示界面

图 2.15　模拟器启动模式设置界面

（7）**设置模拟器语言。** 如图 2.16 所示，进入"Controller"界面，设置"Language"为"Chinese"，此时界面将变为中文显示，如图 2.17 所示。

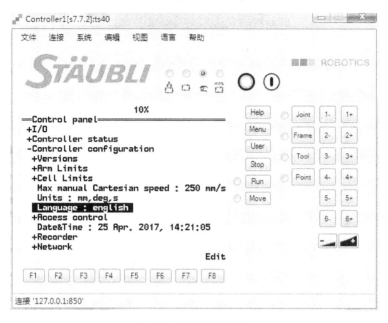

图 2.16　设置模拟器语言

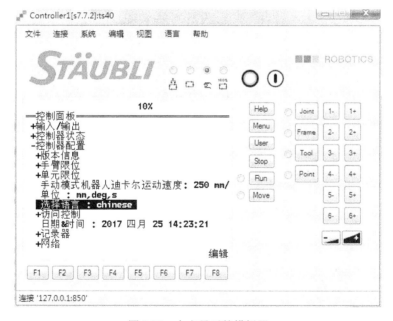

图 2.17　中文显示的模拟器

（8）**新建 Val3 应用程序。** 如图 2.18 所示，进入应用程序管理器，新建"Val3 应用程序"，并输入名称"Ts40_P2PMove"。

（9）**建立工件坐标系。** 本项目需要用到钢珠托盘，其坐标系如图 2.2 所示，在世界坐标系下定义钢珠托盘的工件坐标系变量 fBallPallet，其类型为 frame，如图 2.19 所示。

（10）**示教工件坐标系。** 示教 fBallPallet，供参考的工件坐标系的参数如图 2.20 所示。

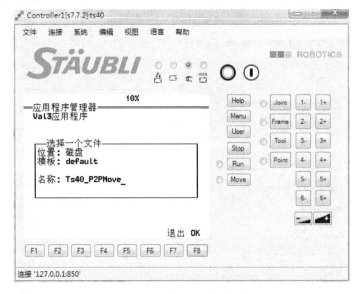

图 2.18　新建 Val3 应用程序

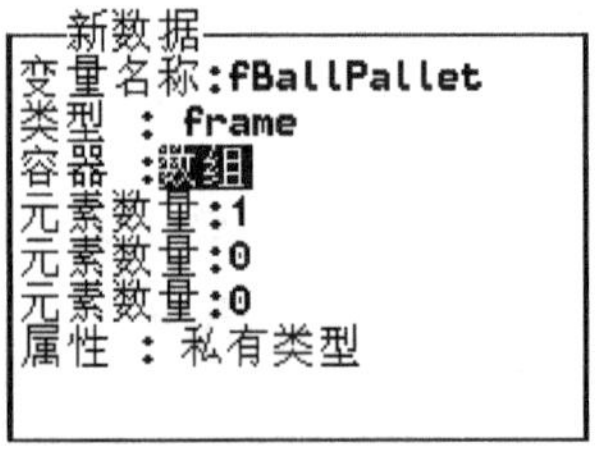

图 2.19　建立工件坐标系

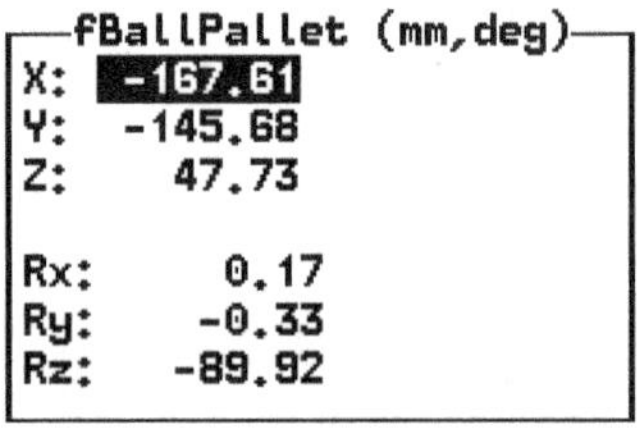

图 2.20　工件坐标系的参数

（11）**创建坐标变量 pBallPickPos1 和 pBallPickPos2**。在 fBallPallet 坐标系下定义两个 point 类型的坐标变量 pBallPickPos1 和 pBallPickPos2，它们的位置如图 2.4 所示。

（12）**示教 pBallPickPos1 和 pBallPickPos2**。示教 pBallPickPos1 和 pBallPickPos2，具体参数如图 2.21、图 2.22 所示。

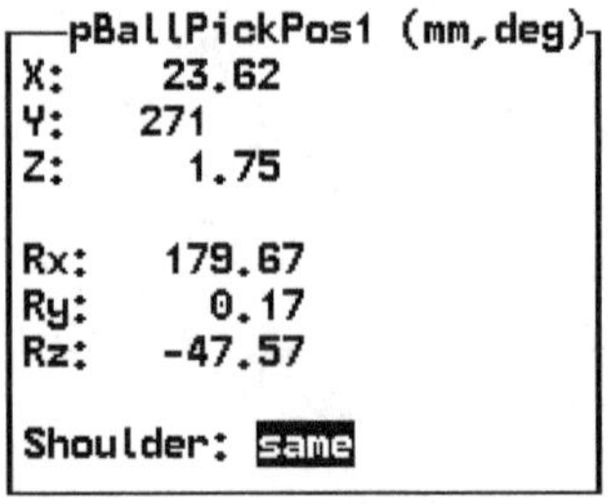

图 2.21　pBallPickPos1 坐标参数

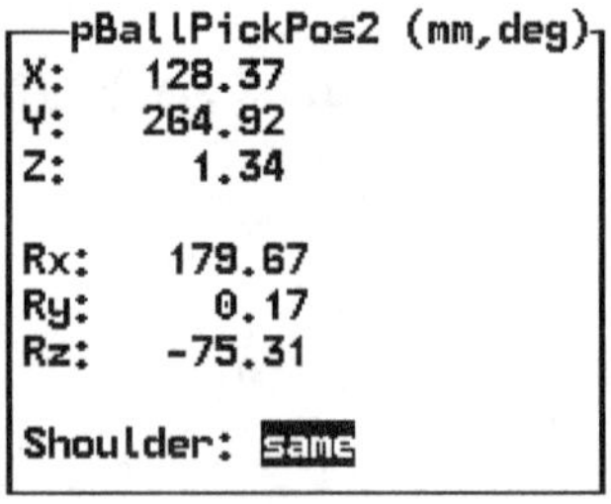

图 2.22　pBallPickPos2 坐标参数

（13）**创建坐标变量 jHome**。在 joint 坐标系下定义加工起始点的坐标变量 jHome。

（14）**示教坐标变量 jHome**。示教 jHome，使其位置在 z 方向上离开钢珠托盘一定的距离，供参考的参数如图 2.23 所示。

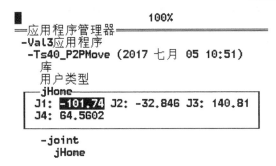

图 2.23　jHome 的参考参数

（15）**创建速度变量 mFastSpeed 和 mSlowSpeed**。在 mdesc 下增加两个速度变量 mFastSpeed 和 mSlowSpeed，参数设置如图 2.24 所示。

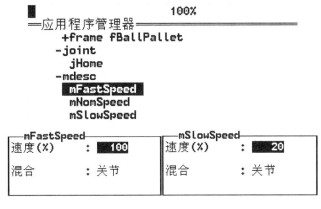

图 2.24　mFastSpeed、mSlowSpeed 变量

（16）**创建几何变换变量 trZ**。在 trsf 下定义变量 trZ，其参数设置如图 2.25 所示。

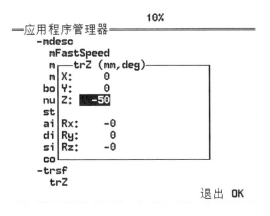

图 2.25　几何变换变量 trZ 的参数设置

当所有的全局变量定义完毕以后，变量树形图如图 2.26 所示。

（17）编辑 start 程序

① 在 start 程序中定义局部坐标点变量 pAppro，如图 2.27 所示。

② start 的参考程序代码如图 2.28 所示。

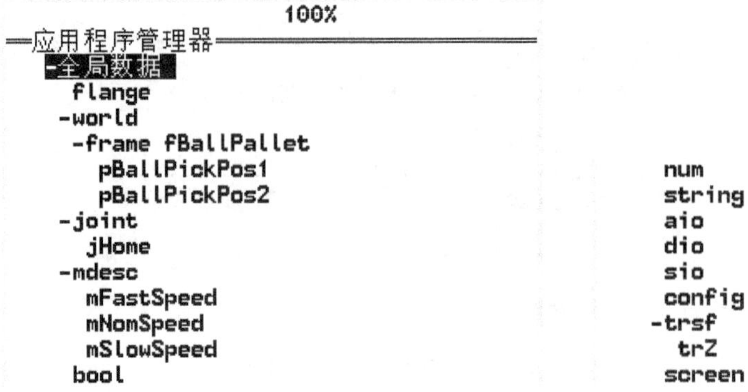

100%

═══应用程序管理器═══
```
-全局数据
  flange
 -world
  -frame fBallPallet
    pBallPickPos1                              num
    pBallPickPos2                              string
 -joint                                        aio
   jHome                                       dio
 -mdesc                                        sio
   mFastSpeed                                  config
   mNomSpeed                                  -trsf
   mSlowSpeed                                    trZ
   bool                                       screen
```

图 2.26 变量树形图

```
//移动至加工原点
movej（jHome，flange，mNomSpeed）
waitEndMove（）

//移动至第一个加工点的正上方
pAppro=appro（pBallPickPos1，trZ）
movej（pAppro，flange，mFastSpeed）
//直线移动到第一个加工点
movel（pBallPickPos1，flange，mSlowSpeed）
waitEndMove（）
//直线返回第一个加工点的正上方
movel（pAppro，flange，mSlowSpeed）

//移动至第二个加工点的正上方
pAppro=appro（pBallPickPos2，trZ）
movej（pAppro，flange，mFastSpeed）
//直线移动到第二个加工点
movel（pBallPickPos2，flange，mSlowSpeed）
waitEndMove（）
//直线返回第二个加工点的正上方
movel（pAppro，flange，mSlowSpeed）

//返回加工原点
movej（jHome，flange，mNomSpeed）
waitEndMove（）
```

```
-程序
 -start
  -局部数据
   point pAppro
   参数
```

图 2.27 局部坐标变量 pAppro   图 2.28 start 的参考程序代码

2. 机器人 2 Tx60 的程序设计

总体设计步骤和机器人 1 Ts40 的程序设计步骤类似，这里主要说明不同点。

（1）**新建单元**。

（2）**设置新单元名称**。新单元的名字为 Tx60_P2Pmove。

（3）**添加控制器**。

（4）**设置控制器参数**。控制器的参数如图 2.29 所示。

图 2.29 设置控制器 Tx60 的参数

（5）本地控制器选项保持默认设置，单击"下一步"按钮。

（6）显示模拟器。

（7）设置模拟器语言。

（8）**新建 Val3 应用程序**。Val3 应用程序的名称为"Tx60_P2PMove"。

（9）**建立全局变量**。所需要的全局变量见表 2-1，在示教 pPos1 和 pPos2 这两个坐标点时，由于其参考的鼠标座工件坐标系 fMouseSeat 为非水平的，因此需要用到 Point 运动模式的对齐模式。

表 2-1 全局变量

变　　量	类　　型	描　　述	值
fMouseSeat	frame	鼠标座的工件坐标系，其实际的坐标系如图 2.3 所示	X=18.14，Y=431.1，Z=-20.74，Rx=0.38，Ry=30.29，Rz=-89.54
pPos1	point	建立在 fMouseSeat 坐标系下的坐标变量，其实际的位置如图 2.3 所示	X=78.6，Y=45.5，Z=14.19，Rx=0，Ry=180，Rz=2.79 Shoulder=same，Elbow=same，Wrist=same
pPos2	point	建立在 fMouseSeat 坐标系下的坐标变量，其实际的位置如图 2.3 所示	X=5.63，Y=103.33，Z=13.29，Rx=0，Ry=180，Rz=2.79 Shoulder=same，Elbow=same，Wrist=same
jHome	joint	建立在 joint 坐标系下的坐标变量，表示加工原点	J1=34.5743，J2=-14.609，J3=123.830，J4=-1.0044，J5=71.9963，J6=169.428
mFastSpeed	mdesc	快速速度变量	速度（%）=100，混合=关节
mSlowSpeed	mdesc	慢速速度变量	速度（%）=20，混合=关节
trZ	trsf	几何变换变量，在 Z 轴方向上的偏置量	X=0，Y=0，Z=-50，Rx=0，Ry=0，Rz=0

（10）编辑 start 程序。

① 在 start 程序中定义局部坐标点变量 pAppro。

② start 的参考程序代码如图 2.30 所示。

```
//移动至加工原点
movej（jHome，flange，mNomSpeed）
waitEndMove（）

//移动至第一个加工点的正上方
pAppro=appro（pPos1，trZ）
movej（pAppro，flange，mFastSpeed）
//直线移动到第一个加工点
movel（pPos1，flange，mSlowSpeed）
waitEndMove（）
//直线返回第一个加工点的正上方
movel（pAppro，flange，mSlowSpeed）

//移动至第二个加工点的正上方
pAppro=appro（pPos2，trZ）
movej（pAppro，flange，mFastSpeed）
//直线移动到第二个加工点
movel（pPos2，flange，mSlowSpeed）
waitEndMove（）
//直线返回第二个加工点的正上方
movel（pAppro，flange，mSlowSpeed）

//返回加工原点
movej（jHome，flange，mNomSpeed）
waitEndMove（）
```

图 2.30　start 的参考程序代码

六、相关知识 ●●●●

1. 机器人系统组成

如图 2.31 所示，一个完整的机器人系统由控制器、手臂和示教器组成，其中控制器和示教器、示教器和手臂分别采用电气连接。

工业中常用的机器人一般包含 6 轴机器人和 4 轴机器人两种，分别如图 2.32、图 2.33 所示，史陶比尔机器人 Tx60 就是一款 6 轴机器人，而 Ts40 则是一款 4 轴机器人。4 轴机器人最典型的是 SCARA 机器人，也叫水平机器人。

6 轴机器人手臂的关节编号和运动方向如图 2.32 所示。

4 轴机器人手臂的关节编号和运动方向如图 2.33 所示。

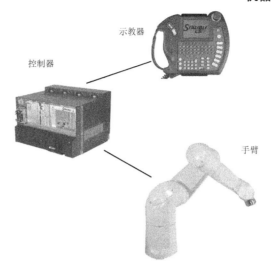

图 2.31 机器人系统

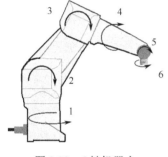

图 2.32 6 轴机器人

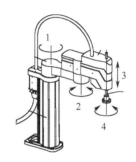

图 2.33 4 轴机器人

2．坐标系

如图 2.34 所示，在机器人系统中，坐标系采用右手定则确定。

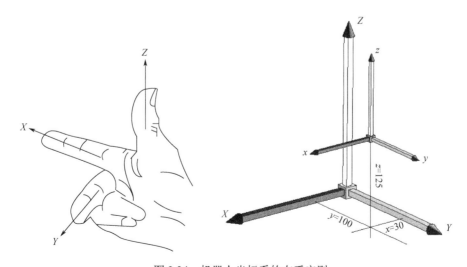

图 2.34 机器人坐标系的右手定则

（1）world（世界）坐标系

world（世界）坐标系：机器人的世界坐标系是指建立在机器人基座的坐标系，机器人所有的笛卡儿坐标位置都基于世界坐标系。一般来说，世界坐标系的 $X+$ 方向为机器人前方，$Y+$ 方向为机器人左方，$Z+$ 方向为机器人上方。6 轴机器人的世界坐标系如图 2.35 所示。

4 轴机器人的世界坐标系如图 2.36 所示。

一般来说，在具体的机器人手臂中会标出各个轴对运动方向的规定。

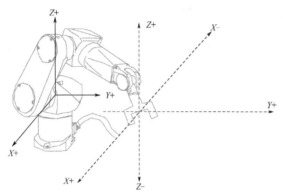

图 2.35　6 轴机器人的世界坐标系

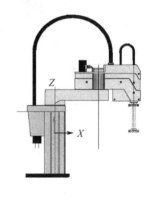

图 2.36　4 轴机器人的世界坐标系

（2）工件坐标系

工件坐标系：用户自定义的、建立在具体工件上的坐标系。工件坐标系一般建立在世界坐标系的基础上，不同坐标系的映射关系由系统自动完成。

工件的坐标系如图 2.37 所示，标定工件坐标系时，需要确定 3 个点：原点、X 轴上的一点和 Y 轴上的一点，为了提高工件坐标系的准确性，3 个点应尽可能的彼此远离。3 个点示教后，将会转化为如图 2.38 所示的信息，其中的 X、Y、Z 为相对于参考坐标系（如世界坐标系）在相应轴向的偏移量，Rx、Ry、Rz 为绕参考坐标系相应轴的转动角，转动的操作按钮和方向如图 2.39 所示。

工件的坐标系也可以通过设置如图 2.37 所示的信息直接得到。

说明：当原点（Origin）和 X 轴（Axis x）上的点确定以后，第三点可以在工件的任何位置获取，只要满足 3 个点不要在一条直线上即可（依据的原理：不在同一直线的 3 个点确定一个平面）。

（a）

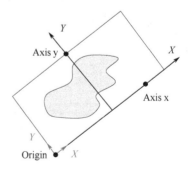

（b）

图 2.37　工件坐标系

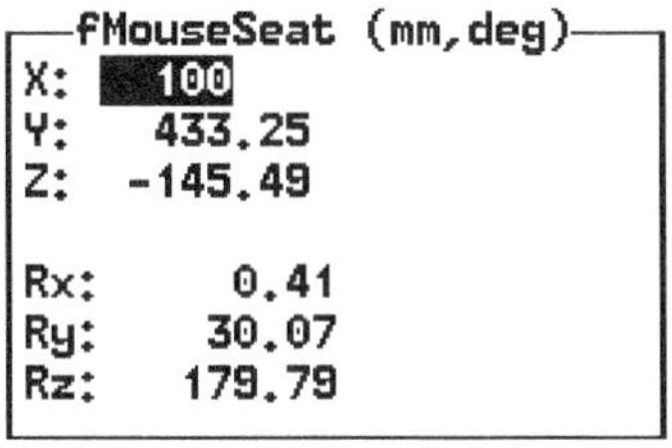

```
┌─fMouseSeat (mm,deg)─┐
│ X:  100            │
│ Y:  433.25         │
│ Z: -145.49         │
│                    │
│ Rx:    0.41        │
│ Ry:   30.07        │
│ Rz:  179.79        │
└────────────────────┘
```

图 2.38　工件坐标系的设置

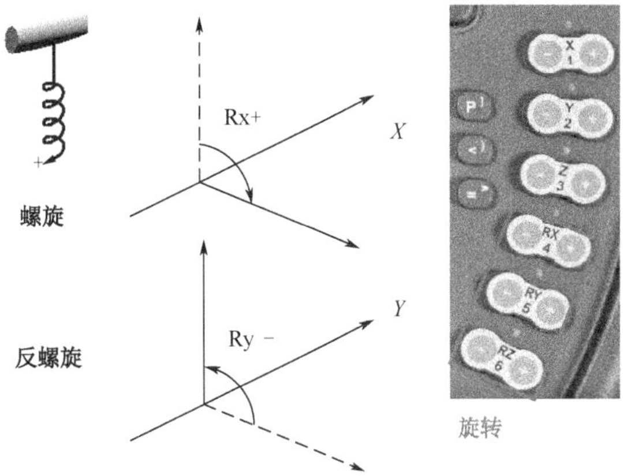

图 2.39　手臂旋转示意图

（3）工具坐标系

① flange（法兰）坐标系：系统默认的工具坐标系为手臂末端法兰盘（flange）的坐标系，如图 2.40 所示。

② 用户工具坐标系：当法兰盘上安装上具体的工装夹具后，用户可以定义工装夹具中心的坐标系，以方便示教和编程。用户工具坐标系需要设置如图 2.41 所示的信息，其中的 X、Y、Z 为相对于参考坐标系（如 flange 坐标系）在相应轴向的偏移量，Rx、Ry、Rz 为绕参考坐标系相应轴的转动角。还可以为工装夹具绑定一个控制信号，如图 2.41 中的 valve1。

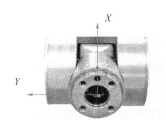

图 2.40　法兰坐标系

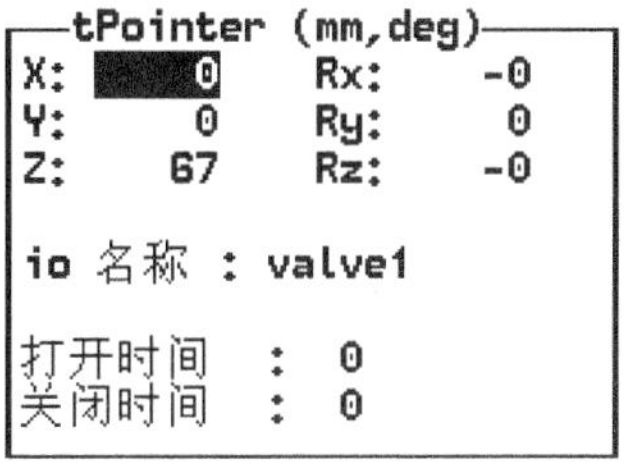

```
┌─tPointer (mm,deg)──────┐
│ X:    0    Rx:   -0    │
│ Y:    0    Ry:    0    │
│ Z:   67    Rz:   -0    │
│                        │
│ io 名称 : valve1       │
│                        │
│ 打开时间 :  0          │
│ 关闭时间 :  0          │
└────────────────────────┘
```

图 2.41　用户工具坐标系的设置

3．史陶比尔机器人示教器的使用

史陶比尔机器人示教器如图 2.42 所示，SRS 仿真时的模拟示教器如图 2.43 所示。从两个图中可以看出，模拟示教器的所有按键与显示功能在实际示教器中都可以找到相对应的部分，数字键、字母键、方向键等按键则将由 PC 端的键盘完成。我们可以近似的认为：实际示教器=模拟示教器+PC 键盘。

模拟示教器中的"文件""连接""系统""编辑""视图""语言""帮助"等菜单只对模拟示教器本身有作用，对机器人没有影响。

下面结合实际示教器和模拟示教器，介绍示教器的使用方法。

如图 2.44 所示，实际的示教器包括以下几个功能区：

手臂控制　与手臂的运动相关，用于手动操作。

数据输入　与新建变量、编辑变量、编写示教程序相关。

导航键　切换示教器的功能状态，快捷执行某项功能。

　　数字输出快捷键　史陶比尔机器人默认有三个数字口输出，这三个键用于快捷地控制对应输出口的状态。

　　Dead Man　本键处于示教器的背面，有三个档位，当按压该按键至中间档位时，手动模式下才能给手臂上电。

　　显示屏　用于显示各种提示信息和操作指引。

图 2.42　史陶比尔机器人示教器

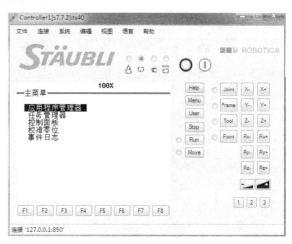

图 2.43　史陶比尔机器人模拟示教器

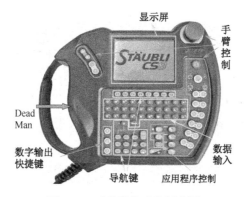

图 2.44　示教器的功能划分图

　　下面按照事件或者业务简单介绍示教器的使用方法。

　　（1）工作模式的切换

　　如图 2.45 所示，机器人共有"慢速手动""测试手动""本地模式""远程模式"四种工作模式，其中前两种为手动模式，后两种为自动模式。

　　慢速手动：示教机器人或者测试示教程序时选择这种模式，当测试示教程序时需要一直按住"Move"键，手臂才能运动。另外在手动模式下，系统已经把机器人的笛卡儿运动速度（线速度）限定为 250 mm/s，如图 2.46 所示。

　　测试手动：这种工作模式和"慢速手动"类似，不同的是此时手臂的最高运动速度会显示在显示区的标题栏中，在实际的示教器中无效。

　　本地模式：当示教程序需要自动运行时，可以切换到这个模式，但是此时需要手动给手臂上电。

远程模式：这个模式和"本地模式"类似，不同的是本模式支持远程上电，也就是说机器人程序中可以利用 enablePower（）函数给手臂上电。

通过单击"模式切换键"可以在这四种工作模式中循环地切换。

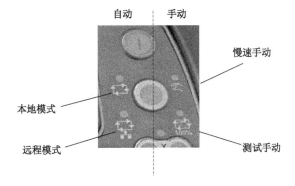

图 2.45　模式与模式切换键

图 2.46　手动模式的速度限制

（2）手臂上、下电

手臂上电分为手动模式和自动模式两种情况。

自动模式下的上电：以"本地模式"为例，如图 2.47 所示，切换到"本地模式"→按"电源切换"键。

手动模式下的上电：以"慢速手动"为例，分为两种情况，即示教器在手上和示教器在支架上。

示教器在手上：切换到"慢速手动"→按住"DeadMan"→按"电源切换"键。

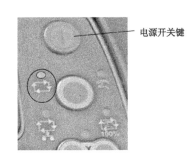

图 2.47　本地模式下的上电示意图

示教器在支架上：切换到"慢速手动"→取下再重新放上去→按住"DeadMan"→按"电源切换"键。

在手动模式或本地模式且已经上电情况下，按"电源切换"键可以使手臂立即下电；在远程模式下，则与用户的级别有关，低级别的用户不允许下电。

（3）运动模式

如图 2.48 所示，在对机器人进行示教时，有四种运动模式，即 Joint、Frame、Tool 和 Point。

要进入相应的示教运动模式，示教器首先必须工作在手动模式，如图 2.49 所示。

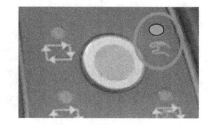

图 2.48　运动模式示意图　　　　　　图 2.49　示教器手动工作模式

Join 运动模式：关节运动模式，此时只能对各个关节进行单独地控制。

在手动工作模式下进入 Join 运动模式需要 3 步：

① 按 Joint 工作模式键；

② 如图 2.50 所示，选择工具；

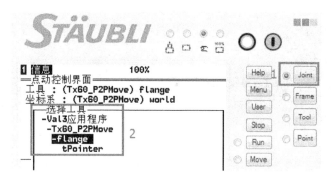

图 2.50　工具选择界面

③ 如图 2.51 所示，选择坐标系。

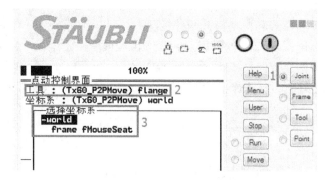

图 2.51　坐标系选择界面

进入 Join 运动模式后就可以利用如图 2.52 所示的 6 组共 12 个（对于 4 轴机器人来说则只有前面 4 组共 8 个）运动控制键来控制手臂关节的运动。

在任何一种运动模式下,都可以利用如图2.53所示的速度调节键控制手臂的运动速度。

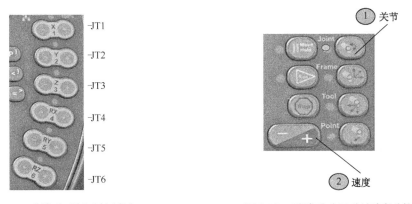

图 2.52 手臂手动运动控制键　　　　图 2.53 手臂手动运动速度控制键

Frame、Tool 运动模式:这两种都是笛卡儿坐标运动模式,此时手臂只能做直线运动或者绕某个坐标轴做旋转运动。和 Joint 运动模式一样,这两种运动模式在使用时也必须选择参考工具和参考坐标系。

Frame 运动模式和 Tool 运动模式的不同:Frame 运动模式把世界坐标系或者工件坐标系作为参考坐标系,而 Tool 运动模式则把 flange 坐标系或者用户工具坐标系作为参考坐标系。

Point 运动模式:这种运动模式用于操作某个具体的点,使用时要注意如图 2.54 所示的几点。

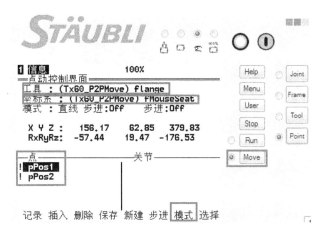

图 2.54　Point 运动模式的注意点

工具选择:需要选择某个具体的工具。

坐标系:坐标系默认为示教器上次选择的坐标系,或者选择某个点后,系统会切换到该点的参考坐标系。

点的选择:Point 运动模式只能操作 point 类型的点。

模式的选择:Point 运动模式支持三种运动模式。

● 直线模式,以直线朝目标位置运动。

● 关节模式,从点到点来完成运动。

● 对齐模式,当按住"Move"键,将使工具的 Z 轴自动运动到与离当前坐标点最近的轴对齐，工具末端无平移旋转。**当要求工装夹具与工件坐标系垂直时，这种模式特别有用。**

Move 键：保持按住 Move 键控制手臂的运动。

（4）手动移动手臂

手动移动手臂分为下面几个步骤：

① 切换到手动工作模式；

② 选择某种运动模式；

③ 调节速度；

④ 手臂上电；

⑤ 利用运动控制键操作手臂，其中在 Point 运动模式时需要按住 Move 键。

图 2.55　SRS 单元主文件

以上第一步和第五步顺序固定，另外三个步骤可以调整彼此的次序。

（5）打开并运行一个 Val3 应用程序

① 打开 SRS 单元主文件。如图 2.55 所示，双击 SRS 单元主文件 *.cell，打开如图 2.56 所示的 SRS 主界面。（**在实际的示教器操作中本步骤不需要**）

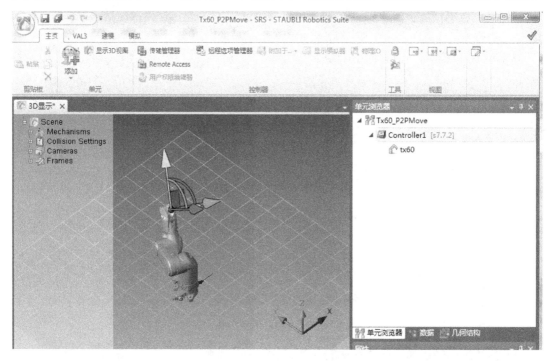

图 2.56　SRS 主界面

② 显示模拟示教器。右击图 2.57 所示界面中的 Controller1，在弹出的快捷菜单中单击"显示模拟器"。模拟器打开后，默认界面如图 2.58 所示。在任何时候，单击模拟器导航按钮中的 Menu 键切换到默认界面。（**在实际的示教器操作中本步骤不需要**）

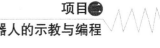
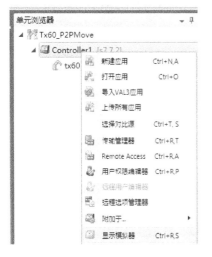

图 2.57　显示模拟器

图 2.58　模拟示教器默认界面

③ 打开应用程序选择界面。在主菜单窗口中，使光标停留在"应用程序管理器"上，然后按下回车键，此时将显示如图 2.59 所示的 Val3 应用程序打开界面。

④ 按下功能键 F7，在弹出的界面中选择某个 Val3 应用程序，如图 2.60 所示。然后按下功能键 F8，确认打开该应用程序。

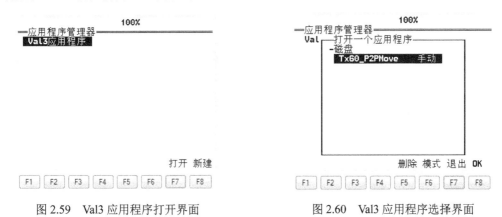

图 2.59　Val3 应用程序打开界面　　　　　　　图 2.60　Val3 应用程序选择界面

⑤ 如图 2.61 所示，确保没有选择任何工作模式，然后按"Run"键。

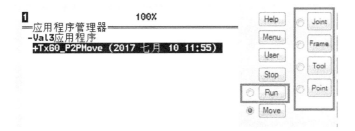

图 2.61　运行程序选择开始界面

⑥ 在如图 2.62 所示的界面中选择要运行的应用程序，并单击"OK"按钮。

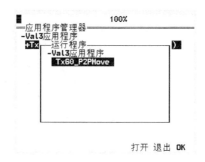

图 2.62　运行程序选择界面

⑦ 如果手臂尚未上电则给手臂上电。

⑧ 上电后如果手臂运动且 Move 键处于闪烁状态，则按住 Move 键。

⑨ 如果是在 SRS 软件环境中运行应用程序，为了看到手臂的运动，则可以在如图 2.63 所示的界面中单击"启动同步"按钮。

图 2.63　手臂模拟运动启用界面

（6）工件坐标系的创建与示教

假设把工件坐标系建立在参考坐标系（世界坐标系）中，步骤如下：

① 如图 2.64 所示，把光标定位到（世界坐标系），然后按 F7 键（新建）。

② 在弹出的新数据界面中输入变量名称，选择类型为 frame，如图 2.65 所示。

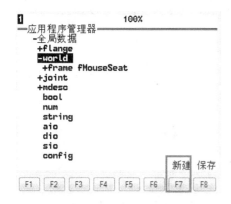

图 2.64　建立工件坐标系的开始界面

图 2.65　工件坐标系新数据设置

③ 按 F8 键，弹出如图 2.66 所示的工件坐标系坐标信息设置界面，如果已经知道坐标系的具体数据则录入相应的数据，如若不知道则可以在后面通过示教获得相应的数据；按 F8 键（OK）确认建立该工件坐标系，按 F7 键则放弃建立该工件坐标系。

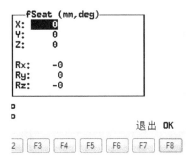

图 2.66　工件坐标系坐标信息设置界面

④ 如图 2.67 所示，按 F2 键（示教），弹出如图 2.68 所示的 fSeat 示教界面，在此界面需要对原点、X 轴和 Y 轴进行示教。

图 2.67　工件坐标系示教选择界面

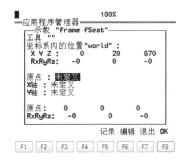

图 2.68　fSeat 示教界面

⑤ 此时需要把示教器切换到手动模式，给手臂上电，选择合适的运动模式（可能需要在不同的运动模式切换），最终使手臂的末端对准工件的原点。

⑥ 这时的界面是如图 2.69 所示的点动控制界面，如果这时候按 F1 键（记录），则会把此时的 X、Y、Z、Rx、Ry 和 Rz 的值作为坐标点 jHome 的值。这是不对的，通过按 Esc 键返回到如图 2.70 所示的界面，此时按 F5 键（记录）才能够真正把 X、Y、Z、Rx、Ry 和 Rz 的值作为 fSeat 的原点值。

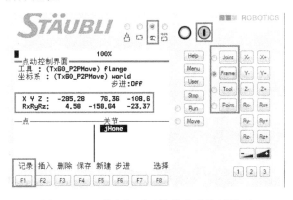

图 2.69　工件坐标系示教的点动控制界面

⑦ 如图 2.71 所示，此时原点已经获得具体的数值，光标自动定位到 X 轴信息的位置。

⑧ X 轴、Y 轴的示教和原点类似，示教完毕，fSeat 的完整信息如图 2.72 所示，按 F8 键（OK）完成示教。

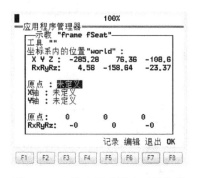

图 2.70 工件坐标系原点示教数值

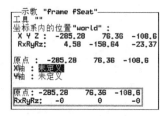

图 2.71 工件坐标系 X 轴示教开始界面

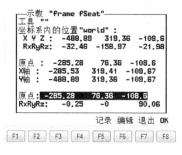

图 2.72 工件坐标系完整示教数值

（7）坐标点的创建与示教

① 选择坐标点的参考坐标系，如图 2.73 所示，这里选择"frame fMouseSeat"，然后按 F7 键（新建）。

② 在如图 2.74 所示的新数据界面中输入变量名称，选择类型为"point"，按 F8 键（OK）。

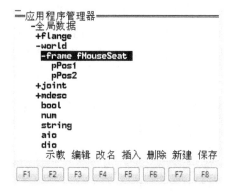

图 2.73 参考坐标系选择界面

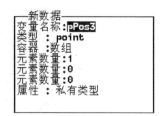

图 2.74 新数据设置界面

③ 在图 2.75 所示界面中，如果已经知道坐标点的具体数据则录入相应的数据，如若不知道则可以在后面通过示教获得相应的数据；按 F8 键（OK）确认建立该坐标点，按 F7 键（退出）则放弃建立该坐标点。

④ 和示教坐标系类似，移动手臂到特定的位置，然后在如图 2.76 所示的界面中按 F2 键（记录）。

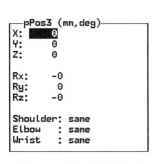

图 2.75　坐标点坐标信息

图 2.76　坐标点示教记录界面

⑤ 在如图 2.77 所示的界面中，按 F8 键（OK），完成坐标点的示教。

（8）程序的创建与编辑

① 如图 2.78 所示，把光标移动到"程序"处，然后按 F7 键（新建）。

图 2.77　坐标点示教信息确认界面

图 2.78　创建程序开始界面

② 如图 2.79 所示，输入新程序的名称，例如 goHome，然后按 F8 键（OK）。

③ 如图 2.80 所示，如果新建的程序需要使用局部变量，则可以把光标移到"局部数据"处，然后按 F7 键（新建）进行创建；如果程序需要使用输入参数，则可以把光标移到"参数"处，然后按 F7 键（新建）进行创建。

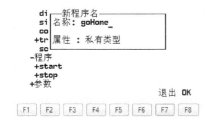

图 2.79　新程序信息设置界面

图 2.80　程序局部数据与参数创建界面

④ 把光标移动到程序名（例如 goHome）处，然后按 F4 键（编辑）或者回车键，进入如图 2.81 所示的程序编辑界面。

⑤ 如图 2.81 所示，在史陶比尔程序系统中，程序以关键字"begin"开始，以关键字

"end"结束，用户编写的程序放在两者之间，一般一条语句占 1 行。按下 F7 键（插入）可以在光标的下面新增一行语句行。

⑥ 如图 2.82 所示，语句的信息可以手动输入，也可以通过在局部、全局等数据中直接选择，输入完毕，按回车键或者↓键完成该行语句的输入。

⑦ 程序编辑完毕必须按 F8 键（保存）进行保存。

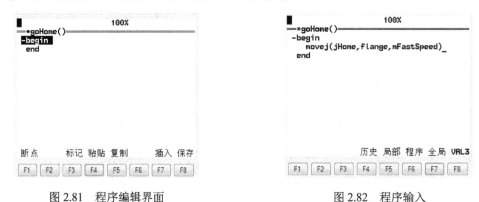

图 2.81　程序编辑界面　　　　　　　　　　图 2.82　程序输入

4. 机器人相关指令

（1）movej 指令

movej 指令的格式及功能见表 2-2。

表 2-2　movej 指令的格式及功能

格　式				
num	movej	（joint jPosition，	tool tToll，	mdesc mDesc ）
num	movej	（point pPosition，	tool　Toll，	mdesc mDesc ）
↙		↙	↙	↙
返回值： 运动标识 符，可忽略		点变量，joint 类型或者 point 类型	工具变量	速度变量

功　能
点到点的运动。该指令使用 tTool 和 mDesc 运动参数来记录一个到 pPosition 或 jPosition 位置的关节运动命令。它返回赋予该运动的运动标识符，并给下一个运动命令的标识符增加 1

（2）movel 指令

movel 指令的格式及功能见表 2-3。

表 2-3　movel 指令的格式及功能

格　式			
num　movel	（point pPosition，	tool tToll，	mdesc mDesc ）
↙	↙	↙	↙
返回值：运动标 识符，可忽略	点变量，joint 类型或者 point 类型	工具变量	速度变量

功　　能
直线运动。该指令使用 tTool 工具和 mDesc 运动参数来记录一个到 pPosition 点的直线运动的命令。它返回赋予该运动的运动标识符，并给下一个运动命令的标识符增加 1

（3）movec 指令

movec 指令的格式及功能见表 2-4。

表 2-4　movec 指令的格式及功能

格　　式				
num　movec	（ point pIntermediate,	point pTarget	tool tToll,	mdesc mDesc ）
↙	↙	↙	↙	↙
返回值：运动标识符，可忽略	点变量，圆弧中间必须经过的点，point 类型	点变量，圆弧结束的点，point 类型	工具变量	速度变量
功　　能				
圆弧运动。该指令记录一个圆周运动，该圆周运动从前一个运动的目的地位置开始，在 point pTarget 处结束，并经过 point pIntermediate。它返回赋予该运动的运动标识符，并给下一个运动命令的标识符增加 1				

（4）appro 指令

appro 指令的格式及功能见表 2-5。

表 2-5　appro 指令的格式及功能

格式			
point　appro	（ point pPosition,	trsf trTransformation	）
↙	↙	↙	↙
返回值：经几何变换后的点	点变量，只能为 point 类型	几何变换变量	
功　　能			
得到一个和参考点 pPosition 接近的点。此指令返回一个经几何变换的修改点。几何变换按照与输入点相同的参考坐标系被定义。参考坐标系和返回的点的设置就是输入点的坐标系和设置			

（5）waitEndMove 指令

waitEndMove 指令的格式及功能见表 2-6。

表 2-6　waitEndMove 指令的格式及功能

格　　式	
void	waitEndMove（）
功　　能	
取消在 waitEndMove 之前保存的最后运动指令的混合，并等待之前所有运动指令执行完毕	

5．把机器人应用程序下载到机器人控制器中

　　把 PC 端的机器人应用程序下载到机器人控制器中，有两种方法，第一种是使用 U 盘，第二种是使用 ftp。

（1）使用 U 盘下载机器人应用程序

注意：旧版本的史陶比尔机器人控制器只能访问 2G 以下且格式为 FAT 的 U 盘，新版本已经无此限制。

① 找到 PC 端应用程序的工程主目录，如图 2.83 所示。

② 找到应用程序所在的目录，即依次进入 Controller1→usr→usrapp。

③ 把其中的应用程序的整个文件夹（包括子文件和文件），例如 Ts40Example2，拷贝到 U 盘的根目录中。

④ 如图 2.84 所示，把 U 盘插入控制器背后左边的其中一个 USB 接口中。

图 2.83　PC 端应用程序的工程主目录　　　图 2.84　用于外接用户 U 盘的两个 USB 口

⑤ 如图 2.85 所示，进入应用程序管理器界面，其中磁盘为控制器自带的存储器，而 USB0 则是插入的 U 盘。

⑥ 如图 2.86 所示，通过方向键选中应用。例如选择 Tx60_P2Pmove，然后按 F8 键（OK），此时应用程序被导入，如图 2.87 所示。

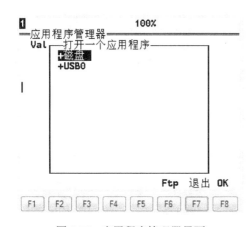

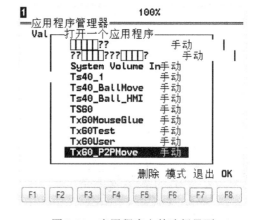

图 2.85　应用程序管理器界面　　　　　　图 2.86　应用程序文件选择界面

注意：在图 2.86 所示的界面中有些文件或文件夹的名字出现一些乱码，这是因为它们是中文名，因此建议所有的文件夹、文件、变量名等全部不要使用中文。

⑦ 到现在为止，打开的应用程序仍然在 U 盘中，保存时也是直接保存在 U 盘。为了把导入的应用程序保存在控制器的存储器中，可以在如图 2.87 所示的界面中按 F3 键（导出），然后在如图 2.88 所示的界面中选择保存的位置为磁盘并按 F8 键（OK）确认。

（2）使用 ftp 下载机器人应用程序

如图 2.89 所示，CS8C 控制器具有 2 个网络端口，即 J204 和 J205。出厂时，J204 端口用地址 192.168.0.254 来设置（掩码 255.255.255.0），J205 端口用地址 172.31.0.1 来设置（掩码 255.255.0.0）。

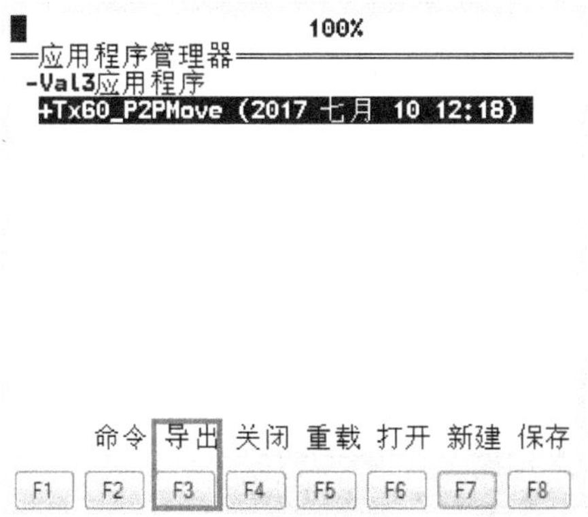

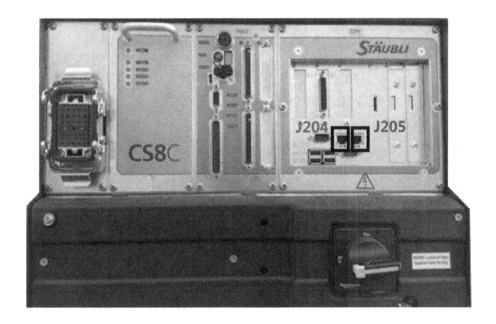

图 2.87　导入应用程序后的管理器界面 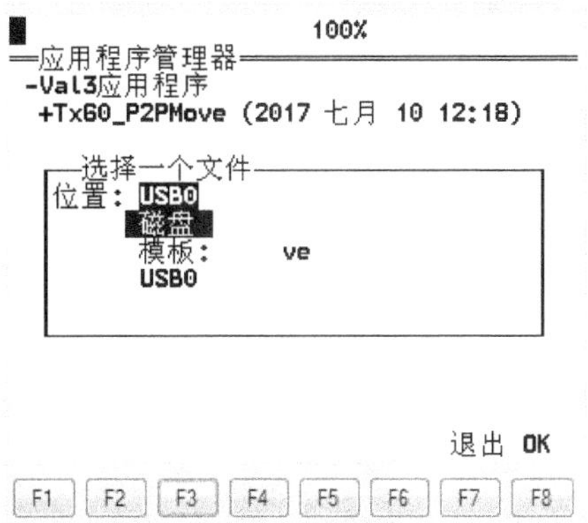　　　　图 2.88　应用程序文件保存位置选择

图 2.89　CS8C 控制器的网络端口

每个端口的 IP 地址可以通过控制面板来进行修改，所做的修改立刻生效。如图 2.90 所示，其中的 Ts40 机器人的两个 IP 地址都被修改了。

两个端口不能对应同一个子网。一般把 J204 端口作为 ftp 端口，用于文件服务，而 J205 端口用于和其他设备连接。

使用 ftp 下载机器人应用程序到 CS8C 控制器的步骤如下：

① **PC 机和控制器进行网络连接。**有两种连接方式，第一种：用网线将 PC 机的网络端口和 CS8C 控制器的 J204 端口直接相连；第二种：把 PC 机的网络端口和 CS8C 控制器的 J204 端口分别和

图 2.90　修改后的 IP 地址

同一个交换机相连。

② **设置 IP 地址**。PC 机的 IP 地址和 CS8C 控制器 J204 端口的 IP 地址处于同一个网段，如 10.203.81.5（PC）和 10.203.81.45（CS8C）。

③ **判断 PC 和 CS8C 网络是否连通**。打开系统自带的命令窗口（或者执行"开始→运行"），输入指令 ping 10.203.81.45。如果网络连通，将出现如图 2.91 所示的结果。（如果确认网络连通，本步骤可以省略）

图 2.91　使用系统命令窗口测试网络连通情况

④ **运行 Ftpsurfer 软件**。Ftpsurfer 为一个款免费的 ftp 应用软件，默认的界面如图 2.92 所示。

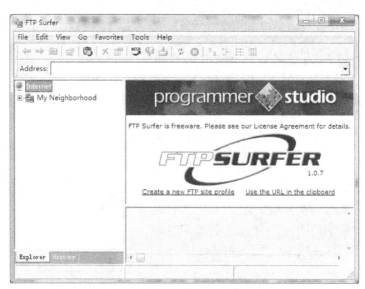

图 2.92　Ftpsurfer 默认的界面

⑤ **建立 ftp 连接**。在 CS8C 的 ftp 服务器中，存在多个分区，应用程序存在于 usr 分区中。在 Ftpsurfer 中建立一个到 usr 的访问，操作步骤是"File"→"New"→"Site Profile"。按图 2.93 所示的内容输入，然后单击"OK"按钮确认。

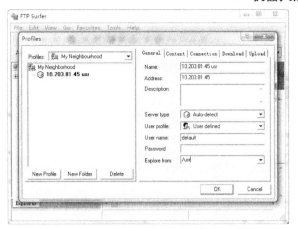

图 2.93　ftp 访问连接的建立与设置

⑥ **开始连接**。双击建立好的连接，用户名为 default，密码为空，如图 2.94 所示。成功连接后出现如图 2.95 所示的文件结构，其中应用程序将放于 usrapp 文件夹中。

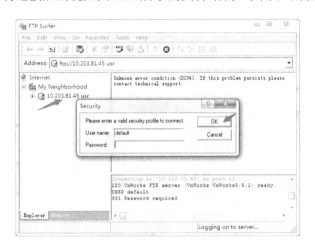

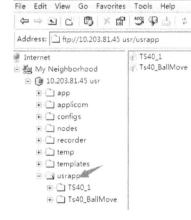

图 2.94　开始连接　　　　　　　图 2.95　连接成功后的 usr 分区情况

⑦ 如图 2.96 所示，把需要上传的文件或者文件夹直接拖曳到相应的文件夹中。

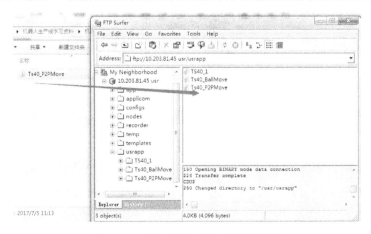

图 2.96　文件或者文件夹上传示意图

七、练习 ● ● ● ●

功能要求：

设计一个机器人程序，完成如图 2.97 所示的运动，运动轨迹包括 1～6 段，其中轨迹段 3、5 为直线运动，轨迹段 4 为圆弧运动，其他轨迹段随意。

工件座不要求一定是方形的，可以是任意形状，图 2.98 和图 2.99 分别作为 Tx60 和 Ts40 机器人要操作的对象和对应的加工点。

已知条件：

工件座的坐标系定义为 fSeat，三个加工点 pPos1、pPos2 和 pPos3 定义在 fSeat 上，类型为 point。

加工起始点 jHome 定义在 joint 坐标系上，类型为 joint。

加工趋近点 pAppro 定义在 world 坐标系上，类型为 point。

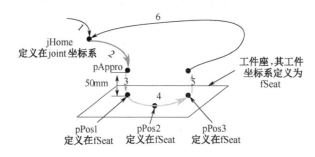

图 2.97　机器人运动轨迹

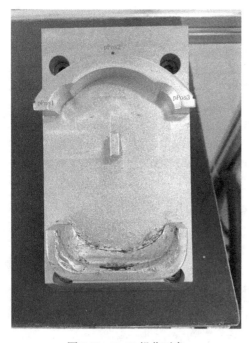

图 2.98　Tx60 操作对象

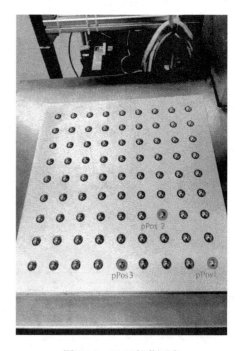

图 2.99　Ts40 操作对象

项目三

机器人的远程控制 ∿∿∿

一、功能要求 ●●●

1. 项目功能

本项目主要是完成 PC、PLC、ROBOT（机器人）和外设之间的集成问题。

在项目一和项目二的基础上，本项目中，机器人的程序部分增加了用户界面程序和多任务编程，而 PLC 则增加 Modbus TCP 的通信代码。

在组态软件 NetSCADA 中设计两个用户操作界面，一个是外设监控界面（该界面和项目一基本相同），另一个是机器人手动控制界面。

在外设监控界面中可以监控各类简单的外设，具体是通过 NetSCADA 窗口界面中的按钮控制流水线两个伺服电机的启停、三个相机光源的亮灭、机器人 14 个电磁阀的开关、机器人 25 个电磁阀的开关、机器人 34 个电磁阀的开关、气泵的开关、红绿黄指示灯的亮灭；NetSCADA 窗口界面中能指示这些外设的状态，即显示输出信号 Y000～Y007、Y013～Y015、Y017、Y020～Y027、Y030、Y033～Y036 的状态。

PLC 能采集各类传感器的状态，各类传感器的状态由输入信号 X000～X017 指示，在NetSCADA 窗口界面中能显示这些输入信号的状态；另外，PLC 还可以使 3 台机器人公共的急停信号 Y003 无效（输出高电平）。

机器人手动控制界面可以显示机器人 1 的状态，这些状态包括手臂是否就绪、是否处于加工原点、是否在运行中、是否暂停中；也可以手动对机器人 1 进行控制，包括远程上电、远程下电、运行、暂停、继续、停止和回加工原点。另外，还可以对机器人和 PLC 之间的 Modbus TCP 通信进行重连。

以上对各类外设的监控实际上是通过 PLC 的程序实现的，NetSCADA 只是相当于用户操作界面。

2. 项目目标

（1）熟练掌握海得 PLC、NetSCADA 的使用。

（2）熟练掌握通过 OPC 通信协议实现 PLC 与 NetSCADA 的通信。

（3）熟练掌握史陶比尔机器人的示教与编程。

（4）掌握史陶比尔机器人和海得 PLC 之间通过 Modbus TCP 进行通信的方法。

3．项目重点

（1）海得 PLC 的编程。

（2）NetSCADA 的界面开发。

（3）NetSCADA 与 PLC 的 OPC 通信。

（4）史陶比尔机器人的用户界面编程。

（5）史陶比尔机器人的多任务编程。

（6）史陶比尔机器人与 PLC 的 Modbus TCP 通信。

二、所需软件 ●●●●

NetSCADA 5.0 项目开发器 NetSCADA 5.0-DevProject：用于编辑 NetSCADA 程序；

NetSCADA 5.0 监控现场 NetSCADA 5.0-Field：用于运行 NetSCADA 程序；

EControlPLC2.1：用于编辑海得 PLC 程序；

海得 PLC 以太驱动 EPL：用于建立 NetSCADA 与海得 PLC 之间的 OPC 驱动；

Staubli Robotics Suite （SRS）2013.4.4：史陶比尔机器人离线编程软件；

Ftpsurfer107：用于史陶比尔机器人控制器访问 ftp 服务器，实现文件的上传与下载。

三、设备连接关系 ●●●

1．拓扑结构

PC、PLC、ROBOT 和外设之间的拓扑结构如图 3.1 所示。PC、PLC、ROBOT 通过网线和网络交换机相连，组态时 PC 端的 NetSCADA 和 PLC 之间通过 OPC 协议（基于 Modbus TCP）进行通信，ROBOT 和 PLC 之间通过 Modbus TCP 进行通信，PLC 和外设之间通过数字 I/O 进行电气连接。在这个拓扑结构中，PLC 是核心，其他设备通过 PLC 进行通信。

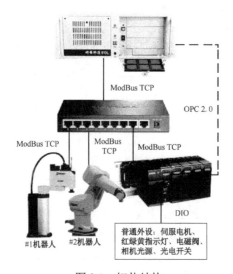

图 3.1　拓扑结构

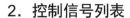
2. 控制信号列表

在本系统中，需要监控的普通外设的 I/O 分配情况和项目一一致，在此将其重列于表 3-1。

PC 端 NetSCADA 界面上手动控制普通外设的控制按钮信号和项目一一致，在此将其重列于表 3-2；机器人 1 对外设的控制请求信号分配表见表 3-3；机器人 1 的状态变量信号分配表见表 3-4；对机器人 1 的手动控制信号分配表见表 3-5；PLC 其他变量信号分配表见表 3-6。

表 3-1　外设 I/O 分配表

外　设	PLC	PC NetSCADA	I/O 类型，以 PLC 为主体
启动按钮	X000	X000	I，高电平有效
停止按钮	X001	X001	I，低电平有效
急停按钮	X002	X002	I，低电平有效
气泵是否过压	X003	X003	I，低电平有效
伺服电机 1 到位信号	X004	X004	I，高电平有效
伺服电机 1 报警信号	X005	X005	I，高电平有效
伺服电机 2 到位信号	X006	X006	I，高电平有效
伺服电机 2 报警信号	X007	X007	I，高电平有效
气泵是否满压	X010	X010	I，高电平有效
机器人 1 光电信号	X011	X011	I，高电平有效
机器人 2 光电信号	X012	X012	I，高电平有效
机器人 3 光电信号	X013	X013	I，高电平有效
机器人 4 光电信号	X014	X014	I，高电平有效
机器人 4 光幕信号	X015	X015	I，高电平有效
输入备用 1	X016	X016	I，高电平有效
输入备用 2	X017	X017	I，高电平有效
红色指示灯	Y000	Y000	O
绿色指示灯	Y001	Y001	O
黄色指示灯	Y002	Y002	O
机器人 1 急停信号			
机器人 2 急停信号	Y003	Y003	O，低电平有效
机器人 3 急停信号			
流水线伺服电机 2 使能	Y004	Y004	O
流水线伺服电机 2 运行	Y005	Y005	O
流水线伺服电机 1 使能	Y006	Y006	O
流水线伺服电机 1 运行	Y007	Y007	O
相机 1 光源控制	Y013	Y013	O
相机 2 光源控制	Y014	Y014	O
相机 3 光源控制	Y015	Y015	O
气泵开关	Y017	Y017	O
机器人 1 电磁阀 1	Y020	Y020	O
机器人 1 电磁阀 2	Y021	Y006	O
机器人 1 电磁阀 3	Y022	Y007	O

续表

外　设	PLC	PC NetSCADA	I/O 类型，以 PLC 为主体
机器人 1 电磁阀 4	Y023	Y023	O
机器人 2 电磁阀 1	Y024	Y024	O
机器人 2 电磁阀 2	Y025	Y025	O
机器人 2 电磁阀 3	Y026	Y026	O
机器人 2 电磁阀 4	Y027	Y027	O
机器人 2 电磁阀 5	Y030	Y030	O
机器人 3 电磁阀 1	Y033	Y033	O
机器人 3 电磁阀 2	Y034	Y034	O
机器人 3 电磁阀 3	Y035	Y035	O

表 3-2　控制按钮信号分配表

外　设	PLC	PC NetSCADA	备　注
红色指示灯按钮	M2000	M2000	
绿色指示灯按钮	M2001	M2001	
黄色指示灯按钮	M2002	M2002	
流水线伺服电机 2 使能按钮	M2004	M2004	
流水线伺服电机 2 运行按钮	M2005	M2005	
流水线伺服电机 1 使能按钮	M2006	M2006	
流水线伺服电机 1 运行按钮	M2007	M2007	
相机 1 光源控制按钮	M2013	M2013	
相机 2 光源控制按钮	M2014	M2014	
相机 3 光源控制按钮	M2015	M2015	
气泵开关按钮	M2017	M2017	
机器人 1 电磁阀 1 按钮	M2020	M2020	
机器人 1 电磁阀 2 按钮	M2021	M2021	
机器人 1 电磁阀 3 按钮	M2022	M2022	
机器人 1 电磁阀 4 按钮	M2023	M2023	
机器人 2 电磁阀 1 按钮	M2024	M2024	
机器人 2 电磁阀 2 按钮	M2025	M2025	
机器人 2 电磁阀 3 按钮	M2026	M2026	
机器人 2 电磁阀 4 按钮	M2027	M2027	
机器人 2 电磁阀 5 按钮	M2030	M2030	
机器人 3 电磁阀 1 按钮	M2033	M2033	
机器人 3 电磁阀 2 按钮	M2034	M2034	
机器人 3 电磁阀 3 按钮	M2035	M2035	
机器人 3 电磁阀 4 按钮	M2036	M2036	

表 3-3　机器人 1 对外设的控制请求信号分配表

机器人 1 对外设的控制请求	ROBOT	PLC
机器人 1 电磁阀 1 控制	dOutAction[0]（O）	D3026.7、M520
机器人 1 电磁阀 2 控制	dOutAction[1]（O）	D3026.8、M521

续表

机器人1对外设的控制请求	ROBOT	PLC
机器人1电磁阀3控制	dOutAction[2]（O）	D3026.9、M522
机器人1电磁阀4控制	dOutAction[3]（O）	D3026.A、M523

表3-4 机器人1的状态变量信号分配表

机器人1状态	ROBOT	PLC	NetSCADA
准备就绪	dOutRobRdy（O）	D3026.0	D3026：0
加工原点	dOutIsHome（O）	D3026.1	D3026：1
运行中	dOutIsMoving（O）	D3026.6	D3026：6
暂停中	dOutIsPause（O）	D3026.3	D3026：3

表3-5 对机器人1的手动控制信号分配表

机器人1手动控制	ROBOT	PLC	NetSCADA
通信重连	无	M2105	M2105
上电	dInEnaPower（I）	M2052、D3030.5	M2052
下电	dInDisPower（I）	M2055、D3030.4	M2055
运行	dInStartCycle（I）	M2085、D3030.0	M2085
暂停	dInPauseCycle（I）	M2074、D3030.2	M2074
继续	dInRestartCycle（I）	M580、D3030.8	M580
停止	dInStopCycle（I）	M2053、D3030.1	M2053
回加工原点	dInResetRob（I）	M2054、D3030.3	M2054

表3-6 PLC其他变量信号分配表

变量名	地址	变量名	地址
Modbus_TCP 设置标志	M716	Modbus_TCP 建立连接标志	M5030
机器人1有手动控制数据的标志	M3030	Modbus 连接状态	D3004
机器人1数据清零标志	M2080	机器人1反馈回来的状态数据	D3026
机器人1手动下数据清零	M2089	发送给机器人1的控制数据	D3030
初始化标志	M3007	缓存 IP 地址	D3000～D3003
急停标志	M3700	缓存 MBTMCON 指令信息	D4～D5
缓存 MBTMPDB 指令信息	D3230～D3233	缓存 MBTMODB 指令信息	D3012～D3014
手动控制数据清零计时器	T34	Modbus_TCP 断开计时器	T40
数据清零计时器	T12		

四、机器人1——Ts40的程序设计 ●●●●●

按照项目二中"五、机器人程序的设计"中介绍的方法建立基于机器人1——史陶比尔机器人 Ts40 的应用 Ts40_Example3，并按照以下的步骤编辑 Ts40_Example3。

1. 配置 Modbus I/O

机器人和 PLC 之间通过 Modbus TCP 进行通信，因此需要在机器人控制器中配置 Modbus I/O。在本项目中，史陶比尔机器人 CS8C 控制器作为 Modbus Server，而海得 PLC 作为 Modbus Client。

（1）如图 3.2 所示，在 SRS 软件主界面中，单击 ，打开如图 3.3 所示的物理 I/O 配置界面。

图 3.2　SRS 软件主界面

（2）在图 3.3 所示的界面中，单击 ，打开如图 3.4 所示的 Modbus I/O 配置界面。

图 3.3　物理 I/O 配置界面

（3）如图 3.4 所示，把连接数改为 4，主题名和 TCP 端口保持默认值。

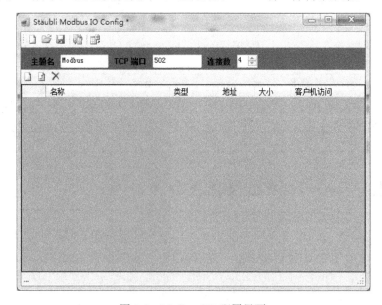

图 3.4　Modbus I/O 配置界面

（4）在图 3.4 所示的界面中，单击 ，打开如图 3.5 所示的 Modbus I/O 配置保存界面，文件名保持为默认值，保存在单元路径 Controller1\usr\applicom\Modbus 中。

（5）为了便利性，本项目和后续项目所需要的 Modbus I/O 变量都在本项目中建立，所有的 Modbus I/O 变量见表 3-7。对于表 3-7 有如下几点说明：

① 地址的编排。分为两种地址，BIT 地址、FLOAT 和 WORD 地址，这两种地址独立编排，都从 0 开始，而在 Modbus TCP 协议中，地址则从 1 开始编排，两者差值为 1。

图 3.5　Modbus I/O 配置保存界面

② 变量类型的大小。每个 BIT 为 1 个位，占用 1 个位地址，某个变量的大小可以为几个 BIT，相应的也会占用几个地址。如 dOutAction 为 8 BIT，其地址范围为 17～24，因此其下一个位变量 dOut 的地址为 25。每个 FLOAT 或 WORD 变量的大小为 2 个字节，占用连续的 2 个地址。

③ 变量的方向。当变量的客户机访问内容为 CS8 Input（R/W）时，表示该变量对于 CS8C 控制器来说是输入变量，因此对于访问者 PLC 来说，该变量是 R/W（可读/可写）的。

表 3-7　Modbus I/O 变量

名　称	类　型	地　址	大　小	客户机访问
dInStartCycle	BIT	0	1	CS8 Input（R/W）
dInStopCycle	BIT	1	1	CS8 Input（R/W）
dInPauseCycle	BIT	2	1	CS8 Input（R/W）
dInResetRob	BIT	3	1	CS8 Input（R/W）
dInDisPower	BIT	4	1	CS8 Input（R/W）
dInEnaPower	BIT	5	1	CS8 Input（R/W）
dInErrorStop	BIT	6	1	CS8 Input（R/W）
dInProductType	BIT	7	1	CS8 Input（R/W）
dInRestartCycle	BIT	8	1	CS8 Input（R/W）
dIn3	BIT	9	1	CS8 Input（R/W）
dOutRobRdy	BIT	10	1	CS8 Output（R）

续表

名　　称	类　型	地　址	大　小	客户机访问
dOutIsHome	BIT	11	1	CS8 Output（R）
dOutIsCycle	BIT	12	1	CS8 Output（R）
dOutIsPause	BIT	13	1	CS8 Output（R）
dOutFinish	BIT	14	1	CS8 Output（R）
dOutIsError	BIT	15	1	CS8 Output（R）
dOutMoving	BIT	16	1	CS8 Output（R）
dOutAction	BIT	17	8	CS8 Output（R）
dOut	BIT	25	1	CS8 Output（R）
dOut2	BIT	26	1	CS8 Output（R）
aInOffsetX	FLOAT	0	1	CS8 Input（R/W）
aInOffsetY	FLOAT	2	1	CS8 Input（R/W）
aInOffsetRZ	FLOAT	4	1	CS8 Input（R/W）
aInDist	FLOAT	6	1	CS8 Input（R/W）
aIn	FLOAT	8	1	CS8 Input（R/W）
aIn2	FLOAT	10	1	CS8 Input（R/W）
aOut	WORD	12	4	CS8 Output（R）

（6）按照表 3-7 创建所有的 Modbus I/O 变量。以 dInStartCycle 为例，如图 3.6 所示，单击　，输入名称 dInStartCycle，类型选择 BIT，大小输入 1，客户机访问选择 CS8 Input（R/W），而地址则会自动生成。所有的变量创建完毕后，如图 3.7 所示。

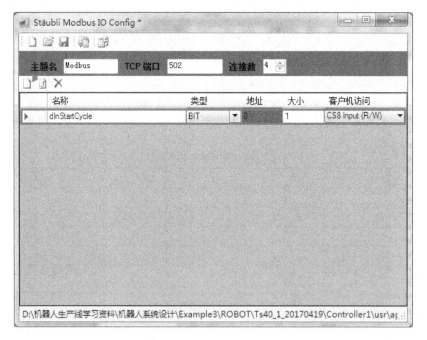

图 3.6　Modbus I/O 变量新增界面

（7）当所有的 Modbus I/O 变量创建完毕后保存，关闭并重启 SRS 软件，重新打开创建了 Modbus I/O 变量的单元。此时的 Modbus I/O 配置界面如图 3.8 所示，多了一个虚拟板

卡 ModbusSrv-0，创建的变量分布在 Modbus-Bit 和 Modbus-Word 两个大组中。

（8）使用软件 Ftpsurfer 把创建的 Modbus.xml 文件（存在于单元路径 Controller1\usr\applicom\Modbus 中）上传到 CS8C 控制器中，路径为 usr/applicom/Modbus。

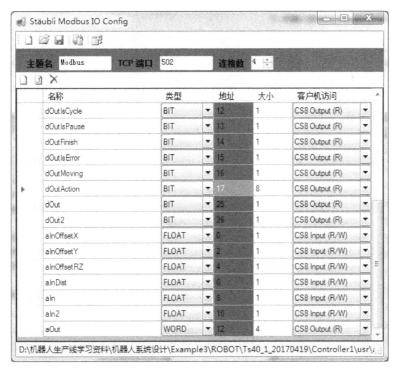

（a）

（b）

图 3.7　Modbus I/O 变量

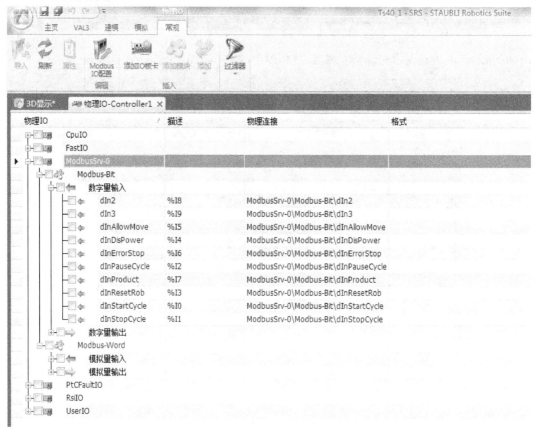

图 3.8　Modbus I/O 配置界面

2．配置全局数据

（1）全局变量列表

机器人1所需要的全局变量见表3-8。

表 3-8　全局变量

变　量	类　型	描　述	值
fBallPallet	frame	钢珠托盘的工件坐标系	X=-167.61，Y=-145.68，Z=47.73， Rx=0.17，Ry=-0.33，Rz=-89.92
pBallPickPos1	point	建立在 fBallPallet 坐标系下的坐标变量	X=23.62，Y=271，Z=1.75， Rx=179.67，Ry=0.17，Rz=-47.57 Shoulder=sam
pBallPickPos2	point	建立在 fBallPallet 坐标系下的坐标变量	X=128.37，Y=264.92，Z=1.34， Rx=179.67，Ry=0.17，Rz=-75.31 Shoulder=same
jHome	joint	建立在 joint 坐标系下的坐标变量，表示加工原点	J1=-101.74，J2=-32.846，J3=140.81，J4=64.5602
mFastSpeed	mdesc	快速速度变量	速度（%）=100，混合=关节
mMiddleSpeed	mdesc	中速速度变量	速度（%）=60，混合=关节

续表

变　量	类　型	描　述	值
mSlowSpeed	mdesc	慢速速度变量	速度（%）=20，混合=关节
trZ	trsf	几何变换变量，在 Z 轴方向上的偏置量	X=0，Y=0，Z=−50，Rx=0，Ry=0，Rz=0
bThereIsMotion	bool	代表机器人 1 是否有运动任务	false
nTaskIndex	num	代表运动任务的编号，0：无，1：单次点到点运动，2：循环点到点运动，3：回加工原点运动	0
dInDisPower	dio	远程下电	ModbusSrv-0\Modbus-Bit\dInDisPower
dInEnaPower	dio	远程上电	ModbusSrv-0\Modbus-Bit\dInEnaPower
dInPauseCycle	dio	机器人 1 暂停	ModbusSrv-0\Modbus-Bit\dInPauseCycle
dInResetRob	dio	机器人 1 回加工原点	ModbusSrv-0\Modbus-Bit\dInResetRob
dInRestartCycle	dio	机器人 1 继续	ModbusSrv-0\Modbus-Bit\dInRestartCycle
dInStartCycle	dio	机器人 1 运行	ModbusSrv-0\Modbus-Bit\dInStartCycle
dInStopCycle	dio	机器人 1 停止	ModbusSrv-0\Modbus-Bit\dInStopCycle
dOutIsHome	dio	机器人 1 在加工原点	ModbusSrv-0\Modbus-Bit\dOutIsHome
dOutIsPause	dio	机器人 1 暂停中	ModbusSrv-0\Modbus-Bit\dOutIsPause
dOutMoving	dio	机器人 1 运行中	ModbusSrv-0\Modbus-Bit\dOutMoving
dOutRobRdy	dio	机器人 1 准备就绪	ModbusSrv-0\Modbus-Bit\dOutRobRdy

（2）创建 dio 变量

每个 dio 变量必须和具体的物理 I/O 连接以后才可以发生作用，这里 dio 变量全部和 Modbus I/O 变量连接。

以 dInDisPower 为例，其连接步骤如下：

① 如图 3.9 所示，定位到 dio 变量 dInDisPower，按 F2 键（连接）。

② 按 F6 键（编辑），进入物理 I/O 选择界面，如图 3.10 所示，在"数字量输入"中选择 dInDisPower（%I4）。

图 3.9　dio 变量连接进入界面　　　　　　图 3.10　I/O 选择界面

③ 按 F8（OK）键，完成物理 I/O 选择过程，如图 3.11 所示。

④ 按 F8（OK）键，完成物理 I/O 连接。

```
┌─dInDisPower─────────────────────┐
│ModbusSrv-0\Modbus-Bit\dInDisPowe│
│%I4                              │
└─────────────────────────────────┘
```

图 3.11　物理 I/O 选择完成界面

当所有的全局变量定义完毕以后，变量树形图如图 3.12 所示。

```
                100%                    -bool
═应用程序管理器════════════            bThereIsMotion=FALSE
 -全局数据                            -num
   flange                             nTaskIndex=0
  -world                             string
   -frame fBallPallet                aio
    pBallPickPos1                   -dio
    pBallPickPos2                     dInDisPower=FALSE
  -joint                              dInEnaPower=FALSE
   jHome                              dInPauseCycle=FALSE
  -mdesc                              dInResetRob=FALSE
   mFastSpeed                         dInRestartCycle=FALSE
   mMiddleSpeed                       ▓dInStartCycle=FALSE▓
   mNomSpeed
   ▓mSlowSpeed▓
                    dInStopCycle=FALSE
                    dOutIsHome=FALSE
                    dOutIsPause=FALSE
                    dOutMoving=FALSE
                    dOutRobRdy=FALSE
                  sio
                  config
                 -trsf
                   trZ
                  screen
```

图 3.12　变量树形图

3. 编辑程序

（1）创建子程序

如图 3.13 所示，在默认程序 start、stop 的基础上增加 GoHome、HMI、Init、I/OCmd、KeyScan、MotionMNG、P2PMove、P2PmoveForever 等 8 个子程序。

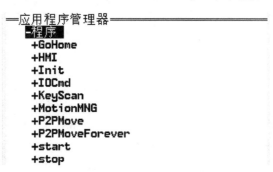

```
═应用程序管理器═══════════
  ▓-程序▓
   +GoHome
   +HMI
   +Init
   +IOCmd
   +KeyScan
   +MotionMNG
   +P2PMove
   +P2PMoveForever
   +start
   +stop
```

图 3.13　程序列表

（2）start 子程序代码

start 子程序代码如图 3.14 所示，其流程图如图 3.15 所示。

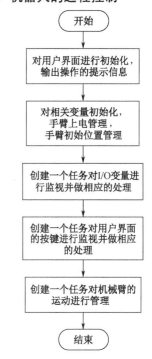

图 3.15　start 程序流程图

```
//对用户界面进行初始化
call HMI（）
//对变量、电源和初始位置进行初始化
call Init（）
//When all the instructions in the process function
//of a task finish，  the task will be killed by the system
//创建一个任务对 I/O 变量进行监视并做相应的处理
taskCreate "I/OCmd"，90，I/OCmd（）
//创建一个任务对用户界面的按键进行监视并做相应的处理
taskCreate "KeyScanTask"，95，KeyScan（）
//创建一个任务对机械臂的运动进行管理
taskCreate "MotionMngTask"，88，MotionMNG（）
```

图 3.14　start 子程序代码

（3）HMI 子程序代码

HMI 子程序代码如图 3.16 所示，该程序是使示教器切换到用户窗口，并在窗口中输出操作指引信息。

```
//使示教器切换到用户窗口
userPage（）
//清空用户窗口
cls（）
//使光标定位到第 0 行第 0 列
gotoxy（0，0）
//从光标所在的位置输出信息并使光标自动切换到下一行的第 0 列
putln（"F1 to run P2P move once"）
//使光标定位到第 1 行第 0 列
gotoxy（0，1）
putln（"F2 to run P2P move repeatly"）
gotoxy（0，2）
putln（"F3 to go home"）
gotoxy（0，3）
putln（"F4 to pause/restart move"）
gotoxy（0，4）
putln（"F5 to stop moving"）
gotoxy（0，12）
putln（"Status: "）
gotoxy（0，13）
put（"No action"）
```

图 3.16　HMI 子程序代码

（4）Init 子程序代码

Iint 子程序代码如图 3.17 所示，该程序包括四部分的内容，一是初始化 dio 输出变量，二是初始化中间变量，三是上电管理，四是手臂初始位置控制。

```
//复位输出变量
//if ready
dOutRobRdy=false
//At start position
dOutIsHome=false
//robot is moving
dOutMoving=false
//In pause
dOutIsPause=false

//复位中间变量
bThereIsMotion=false
nTaskIndex=0
//上电管理
if watch（isPowered（），3）==true
  //robot power is on
  dOutRobRdy=true
else
  //robot power is off
  if workingMode（）==4
    enablePower（）
    if watch（isPowered（），3）==true
      dOutRobRdy=true
    endIf
  endIf
endIf
//
//如果机器人已经处于就绪状态则使手臂运行到加工原点
if dOutRobRdy==true and taskStatus（"GoHomeTask"）==-1
  taskCreate "GoHomeTask", 10, GoHome（）
  wait（taskStatus（"GoHomeTask"）==1）
endIf
```

图 3.17 Iint 子程序代码

（5）GoHome 子程序代码

GoHome 子程序代码如图 3.18 所示，该程序的作用是使手臂运动到加工原点。

```
//使手臂运动到加工原点
dOutIsHome=false
dOutMoving=true
movej（jHome, flange, mSlowSpeed）
waitEndMove（）
dOutMoving=false
dOutIsHome=true
```

图 3.18 GoHome 子程序代码

（6）I/OCmd 子程序代码

I/OCmd 子程序代码如图 3.19 所示，这个程序和 KeyScan 子程序完成对用户操作信息的扫描和处理，I/OCmd 子程序比 KeyScan 子程序更加复杂，这两个程序都是重点程序。I/OCmd 子程序流程图如图 3.20 所示。

```
while true
    //上位机发给机器人的命令可能会被重复处理，因此必须做防重复的操作
    //上电操作
    if dInEnaPower==true and dOutRobRdy==false and workingMode（）==4
        //if dOutRobRdy==false and workingMode（）==4
        if !isPowered（）
            enablePower（）
            if （watch（isPowered（），2）==true）
                dOutRobRdy=true
                autoConnectMove（true）
            else
                dOutRobRdy=false
            endIf
        endIf
    endIf

    //下电操作
    if dInDisPower==true and dOutRobRdy==true and workingMode（）==4
        if isPowered（）
            disablePower（）
            if （watch（isPowered（），2）==false）
                dOutRobRdy=false
                dOutIsPause=false
                dOutMoving=false
                //下电以后如果原来在工作则应该做复位动作
                if bThereIsMotion==true
                    bThereIsMotion=false
                    stopMove（）
                    gotoxy（0，13）
                    put（"No motion                    "）
                    if taskStatus（"P2PMoveTask"）>=0
                        taskKill（"P2PMoveTask"）
                    endIf
                    if taskStatus（"P2PMove2Task"）>=0
                        taskKill（"P2PMove2Task"）
                    endIf
                    if taskStatus（"GoHomeTask"）>=0
                        taskKill（"GoHomeTask"）
                    endIf
                    resetMotion（）
                endIf
            else
                dOutRobRdy=true
```

图 3.19　I/OCmd 子程序代码

```
            endIf
         endIf
      endIf

   //上位机按了运行按钮
   if dInStartCycle==true and dOutRobRdy==true and dOutIsHome==true
      if dOutIsPause==false and nTaskIndex==0
         nTaskIndex=1
      endIf
   endIf

   //上位机按了回加工原点按钮
   if dInResetRob==true and dOutRobRdy==true and dOutIsHome==false
      if dOutIsPause==true or nTaskIndex==0
         nTaskIndex=3
         dOutIsPause=false
      endIf
   endIf

   //上位机按了暂停按钮
   if dInPauseCycle==true and bThereIsMotion==true and dOutIsPause==false
      dOutIsPause=true
      dOutMoving=false
      stopMove（）
      gotoxy（33，13）
      put（"Pause   "）
   endIf

   //上位机按了继续按钮
   if dInRestartCycle==true and bThereIsMotion==true and dOutIsPause==true
      dOutIsPause=false
      dOutMoving=true
      restartMove（）
      gotoxy（33，13）
      put（"Running"）
   endIf

   //上位机按了停止按钮
   if dInStopCycle==true and bThereIsMotion==true
      dOutIsPause=false
      dOutMoving=false
      bThereIsMotion=false
      stopMove（）
      gotoxy（0，13）
      put（"No motion                          "）
      if taskStatus（"P2PMoveTask"）>=0
         taskKill（"P2PMoveTask"）
      endIf
      if taskStatus（"P2PMove2Task"）>=0
         taskKill（"P2PMove2Task"）
      endIf
      if taskStatus（"GoHomeTask"）>=0
         taskKill（"GoHomeTask"）
      endIf
      resetMotion（）
   endIf
endWhile
```

图 3.19 I/OCmd 子程序代码（续）

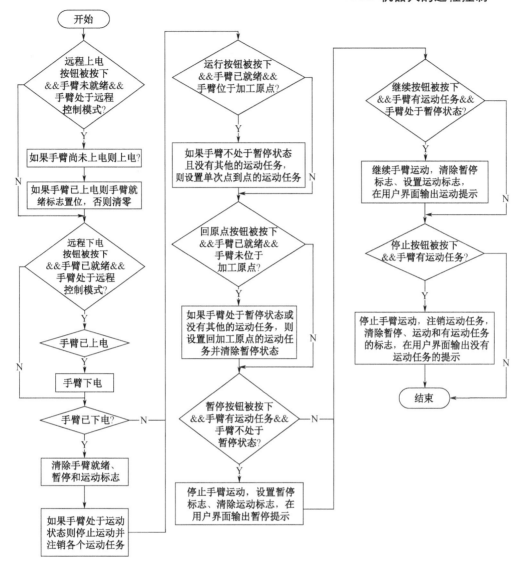

图 3.20　I/OCmd 子程序流程图

（7）KeyScan 子程序代码

KeyScan 子程序需要创建一个 num 类型的局部变量 nKeyValue，其代码如图 3.21 所示。

```
        while true
            nKeyValue=getKey（ ）
            if nKeyValue==271 or nKeyValue==272
                //按了 F1 键（单次点到点运动）或 F2 键（反复点到点运动）
                if dOutIsPause==false and nTaskIndex==0 and dOutRobRdy==true and dOutIsHome==true
                    nTaskIndex=nKeyValue-270
                endIf
```

图 3.21　KeyScan 子程序代码

```
      elseIf nKeyValue==273
         //按了 F3（回到加工原点）
         if （dOutIsPause==true or nTaskIndex==0） and dOutRobRdy==true and dOutIsHome==false
            nTaskIndex=3
            dOutIsPause=false
         endIf
      elseIf nKeyValue==274
         //按了 F4（暂停或者继续手臂运动）
         if bThereIsMotion==true
            if dOutIsPause==false
               dOutIsPause=true
               dOutMoving=false
               stopMove（）
               gotoxy（33，13）
               put（"Pause   "）
            else
               dOutIsPause=false
               dOutMoving=true
               restartMove（）
               gotoxy（33，13）
               put（"Running"）
            endIf
         else
            popUpMsg（"There is no motion"）
         endIf
      elseIf nKeyValue==275
         //按了 F5（停止手臂运动）
         dOutIsPause=false
         dOutMoving=false
         if bThereIsMotion==true
            bThereIsMotion=false
            stopMove（）
            gotoxy（0，13）
            put（"No motion                          "）
            if taskStatus（"P2PMoveTask"）>=0
               taskKill（"P2PMoveTask"）
            endIf
            if taskStatus（"P2PMove2Task"）>=0
               taskKill（"P2PMove2Task"）
            endIf
            if taskStatus（"GoHomeTask"）>=0
               taskKill（"GoHomeTask"）
            endIf
            resetMotion（）
         else
            popUpMsg（"There is no motion"）
         endIf
      endIf
      delay（0）
endWhile
```

图 3.21 KeyScan 子程序代码（续）

（8）MotionMNG 子程序代码

MotionMNG 子程序需要创建一个 num 类型的局部变量 nTemp，其代码如图 3.22 所示，流程图如图 3.23 所示，该程序的作用是管理手臂的运动任务。

```
//手臂运动管理
while true
  //判断当前是否存在手臂运动的任务
  nTemp=taskStatus（"P2PMoveTask"）
  nTemp=nTemp+taskStatus（"P2PMove2Task"）
  nTemp=nTemp+taskStatus（"GoHomeTask"）
  //刷新用户界面显示
  if（nTemp>-3）
    //存在手臂运动的任务
    //上位机和机器人的通信存在时延，手臂运动也需要时间，如果在手臂运动临近结束的
    //时候刚好发生用户操作，此时可能发生运动状态的错误指示，特别是暂停操作，以下
    //的语句是为了消除这种错误
    if dOutIsPause==true and dOutMoving==true
      dOutMoving=false
    endIf
  else
    //不存在手臂运动的任务
    if（bThereIsMotion==true）
      gotoxy（0，13）
      put（"No action                    "）
      bThereIsMotion=false
    endIf
    //上位机和机器人的通信存在时延，手臂运动也需要时间，如果在手臂运动临近结束的
    //时候刚好发生用户操作，此时可能发生运动状态的错误指示，特别是暂停操作，以下
    //的语句是为了消除这种错误
    if dOutIsPause==true
      //没有运动任务的情况下如果执行了暂停操作（即 stopMove），由于后面没有再
      //执行继续操作（即 restartMove），会导致后面的手臂运动任务不能正常执行，因
      //此处需要补充执行 restartMove（）
      restartMove（）
    endIf
    dOutIsPause=false
    dOutMoving=false
  endIf

  if（bThereIsMotion==false）
    //当前不存在手臂运动的任务
    if（nTaskIndex==1）
      //用户要求创建手臂单次点到点运动任务
      taskCreate "P2PMoveTask"，10，P2PMove（）
      gotoxy（0，13）
      put（"P2P move once,                    Running"）
      bThereIsMotion=true
    elseIf（nTaskIndex==2）
      //用户要求创建手臂反复点到点运动任务
```

图 3.22　MotionMNG 子程序代码

```
        taskCreate "P2PMove2Task", 10, P2PMoveForever()
        gotoxy (0, 13)
        put ("P2P mover repeatly,              Running")
        bThereIsMotion=true
      endIf
   endIf
   if (nTaskIndex==3 and taskStatus ("GoHomeTask") ==-1)
      //当前没有处于返回加工原点的状态且用户要求创建返回加工原点的运动任务
      if (bThereIsMotion==true)
        stopMove()
        if taskStatus ("P2PMoveTask") >=0
          taskKill ("P2PMoveTask")
        endIf
        if taskStatus ("P2PMove2Task") >=0
          taskKill ("P2PMove2Task")
        endIf
        resetMotion()
      endIf
      taskCreate "GoHomeTask", 10, GoHome()
      gotoxy (0, 13)
      put ("Go home,                          Running")
      bThereIsMotion=true
   endIf
   nTaskIndex=0
   delay (0)
endWhile
```

图 3.22　MotionMNG 子程序代码（续）

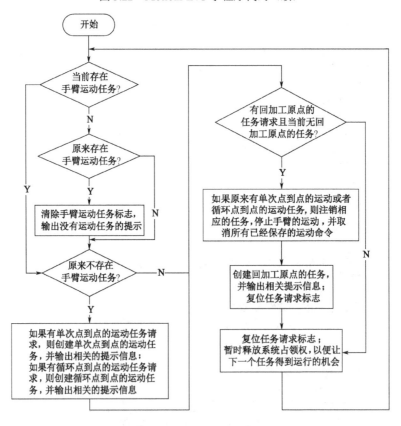

图 3.23　MotionMNG 子程序流程图

（9）P2PMove 子程序代码

P2PMove 子程序需要创建一个 point 类型的局部变量 pAppro，其代码如图 3.24 所示，该程序的作用是实现手臂单次点到点运动，最终使手臂回到加工原点。

```
//实现手臂单次点到点运动，最终回到加工原点
dOutIsHome=false
dOutMoving=true
//移动至加工原点
movej（jHome，flange，mFastSpeed）
waitEndMove（）

//移动至第一个加工点的正上方
pAppro=appro（pBallPickPos1，trZ）
movej（pAppro，flange，mFastSpeed）
//直线移动到第一个加工点
movel（pBallPickPos1，flange，mSlowSpeed）
waitEndMove（）
//直线返回第一个加工点的正上方
movel（pAppro，flange，mSlowSpeed）

//移动至第二个加工点的正上方
pAppro=appro（pBallPickPos2，trZ）
movej（pAppro，flange，mFastSpeed）
//直线移动到第二个加工点
movel（pBallPickPos2，flange，mSlowSpeed）
waitEndMove（）
//直线返回第二个加工点的正上方
movel（pAppro，flange，mSlowSpeed）

//返回加工原点
call GoHome（）
```

图 3.24　P2PMove 子程序代码

```
//反复调用手臂点到点的运动
while true
    call P2PMove（）
    delay（0）
endWhile
```

图 3.25　P2PMoveForever 子程序代码

（10）P2PMoveForever 子程序代码

P2PMoveForever 子程序代码如图 3.25 所示，该程序的作用是循环调用手臂点到点的运动，模拟机器人重复执行同一个加工任务。

4．程序运行效果

本项目中的机器人程序可以独立运行，并采用用户界面中的 F1～F5 键控制手臂的运动；当然，也可以通过 NetSCADA 的控制界面进行控制，两者的控制方式有细微的差别。

如果控制器工作于远程模式，则程序运行后，手臂会自动上电并运行到加工原点的位置；如果控制器工作于其他工作模式，则程序运行后，手臂不会自动上电，也不会运行到加工原点的位置。

手臂必须位于加工原点，按 F1、F2 键才能启动单次或者反复的点到点运动。

当手臂处于单次点到点运动时，其用户界面如图 3.26 所示。

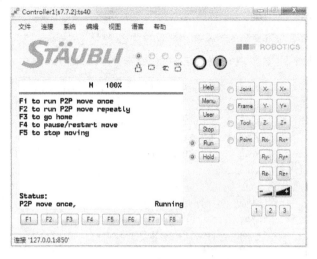

图 3.26 单次点到点运动时的用户界面

五、PLC 程序的设计 ●●●●

1. 建立 PLC 工程文件

建立一个海得 PLC 的工程，这里把工程的名称定义为 EPLCExample3，PLC 的型号及硬件配置和项目一相同。

2. 创建变量

按照表 3-1、表 3-2、表 3-3、表 3-5 和表 3-6 创建 PLC 程序所需的变量，所有变量如图 3.27 所示。

变量名	数据类型	变量地址	变量描述
启动	BOOL	X000	
停止	BOOL	X001	
急停	BOOL	X002	
空压机过载	BOOL	X003	
伺服1到位完成	BOOL	X004	
伺服1报警	BOOL	X005	
伺服2到位完成	BOOL	X006	
伺服2报警	BOOL	X007	
空压机压力到达	BOOL	X010	
机器人1光电	BOOL	X011	
机器人2光电	BOOL	X012	
机器人3光电	BOOL	X013	
机器人4光电	BOOL	X014	
机器人4光幕	BOOL	X015	
备用1	BOOL	X016	
备用2	BOOL	X017	
红灯控制	BOOL	Y000	
绿灯控制	BOOL	Y001	
黄灯控制	BOOL	Y002	
机器人急停信号	BOOL	Y003	0：有效，1：无效
伺服2使能	BOOL	Y004	
伺服2运行	BOOL	Y005	
伺服1使能	BOOL	Y006	

图 3.27 PLC 变量列表

变量名	数据类型	变量地址	变量描述
伺服1运行	BOOL	Y007	
相机1光源控制	BOOL	Y013	
相机2光源控制	BOOL	Y014	
相机3光源控制	BOOL	Y015	
气泵开关	BOOL	Y017	
机器人1电磁阀1	BOOL	Y020	
机器人1电磁阀2	BOOL	Y021	
机器人1电磁阀3	BOOL	Y022	
机器人1电磁阀4	BOOL	Y023	
机器人2电磁阀1	BOOL	Y024	
机器人2电磁阀2	BOOL	Y025	
机器人2电磁阀3	BOOL	Y026	
机器人2电磁阀4	BOOL	Y027	
机器人2电磁阀5	BOOL	Y030	
机器人3电磁阀1	BOOL	Y033	
机器人3电磁阀2	BOOL	Y034	
机器人3电磁阀3	BOOL	Y035	
机器人3电磁阀4	BOOL	Y036	
机器人1电磁阀1控制	BOOL	M520	
机器人1电磁阀2控制	BOOL	M521	
机器人1电磁阀3控制	BOOL	M522	
机器人1电磁阀4控制	BOOL	M523	
机器人1继续	BOOL	M580	

变量名	数据类型	变量地址	变量描述
MODBUS_TCP设置标志	BOOL	M716	
红灯控制按钮	BOOL	M2000	
绿灯控制按钮	BOOL	M2001	
黄灯控制按钮	BOOL	M2002	
Y3手动控制按钮	BOOL	M2003	
伺服2使能按钮	BOOL	M2004	
伺服2运行按钮	BOOL	M2005	
伺服1使能按钮	BOOL	M2006	
伺服1运行按钮	BOOL	M2007	
相机1光源控制按钮	BOOL	M2013	
相机2光源控制按钮	BOOL	M2014	
相机3光源控制按钮	BOOL	M2015	
气泵开关按钮	BOOL	M2017	
机器人1电磁阀1按钮	BOOL	M2020	
机器人1电磁阀2按钮	BOOL	M2021	
机器人1电磁阀3按钮	BOOL	M2022	
机器人1电磁阀4按钮	BOOL	M2023	
机器人2电磁阀1按钮	BOOL	M2024	
机器人2电磁阀2按钮	BOOL	M2025	
机器人2电磁阀3按钮	BOOL	M2026	
机器人2电磁阀4按钮	BOOL	M2027	
机器人2电磁阀5按钮	BOOL	M2030	

图 3.27　PLC 变量列表（续）

变量名	数据类型	变量地址	变量描述
机器人3电磁阀1按钮	BOOL	M2033	
机器人3电磁阀2按钮	BOOL	M2034	
机器人3电磁阀3按钮	BOOL	M2035	
机器人3电磁阀4按钮	BOOL	M2036	
机器人1远程上电按钮	BOOL	M2052	
机器人1停止生产按钮	BOOL	M2053	
机器人1回加工原点按钮	BOOL	M2054	原来的程序定义为：机器人1复位按钮
机器人1远程下电按钮	BOOL	M2055	
机器人1暂停按钮	BOOL	M2074	
机器人1数据清零	BOOL	M2080	
机器人1运行按钮	BOOL	M2085	
机器人1手动下数据清零	BOOL	M2089	
机器人1通信断开	BOOL	M2105	这里的作用是使机器人1的通信重新连接
初始化标志	BOOL	M3007	
急停标志	BOOL	M3700	
MODBUS_TCP建立连接标志	BOOL	M5030	
P_ON	BOOL	M8000	RUN时为ON
P_OFF	BOOL	M8001	RUN时为OFF
P_ON_First_Cycle	BOOL	M8002	RUN1周期后为OFF
P_OFF_First_Cycle	BOOL	M8003	RUN1周期后为ON
P_CYC	BOOL	M8011	扫描周期脉冲
P_0_1s	BOOL	M8012	100ms脉冲
P_1s	BOOL	M8013	1s脉冲
P_1min	BOOL	M8014	1min脉冲
MODBUS连接状态	WORD	D3004	0未连接 1在连接 2已连接 3在断开连接
机器人1反馈回来的状态数据	WORD	D3026	
发送给机器人1的控制数据	WORD	D3030	
200ms	WORD	D8000	监视定时器
Tnow	WORD	D8010	当前扫描周期
Tmin	WORD	D8011	最小扫描时间
Tmax	WORD	D8012	最大扫描时间

图 3.27　PLC 变量列表（续）

3. 创建程序

本项目需要建立 1 个主程序 Main、4 个子程序，子程序分别是"初始化（P1）""数字量输入/输出（P2）""急停管理（P3）""机器人 1 通信管理（P4）"，主程序可调用 4 个子程序。"机器人 1 通信管理（P4）"是本项目 PLC 程序中的难点。

4. 编辑程序

（1）Main 程序

Main 程序如图 3.28 所示，该程序的功能非常简单，它在每个扫描周期依次调用 P1、P2、P3、P4 四个子程序。

（2）初始化（P1）程序

初始化（P1）程序如图 3.29 所示，该程序的功能主要是设置一些标志。由于 M8000 在 PLC 运行后一直为 1，这里用其上升沿作为程序的入口，保证了该程序只会执行 1 次。定时器 T12 的扫描周期为 100ms。

图 3.28　Main 程序

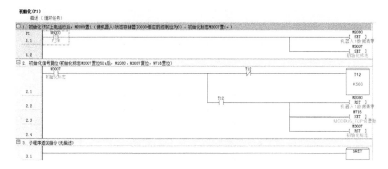

图 3.29　初始化（P1）程序

（3）数字量输入/输出（P2）程序

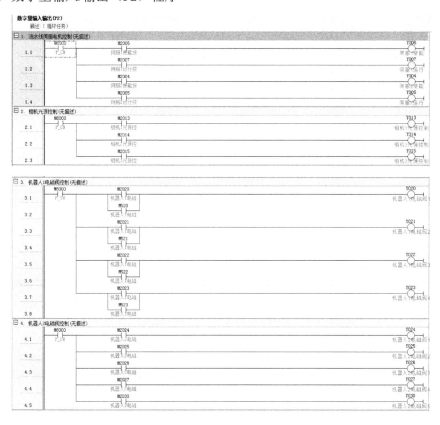

图 3.30　数字量输入/输出（P2）程序

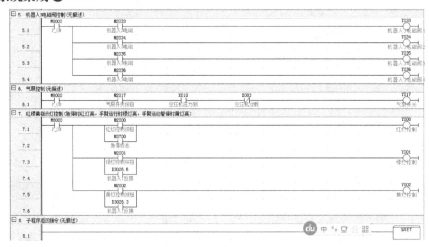

图 3.30　数字量输入/输出（P2）程序（续）

数字量输入/输出（P2）程序如图 3.30 所示，该程序的主要功能是使 NetSCADA 外设监控界面上的按钮能够控制流水线两个伺服电机的启停、三个相机光源的亮灭、机器人 1 的 4 个电磁阀的开关、机器人 2 的 5 个电磁阀的开关、机器人 3 的 4 个电磁阀的开关、气泵的开关、红绿黄指示灯的亮灭。机器人 1 的 4 个电磁阀还受到机器人 1 反馈回来的状态数据的控制；红绿黄指示灯也表征了系统的部分状态，有急停事件时红灯亮，手臂运动时绿灯亮，手臂运动暂停时黄灯亮。

（4）急停管理（P3）程序

急停管理（P3）程序如图 3.31 所示，该程序的功能是扫描急停按钮，当停止按钮或者急停按钮按下时，流水线的伺服电机停止，机器人 1 的控制信号复位，相应的数据清零。

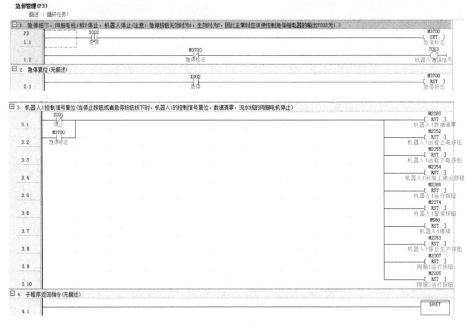

图 3.31　急停管理（P3）程序

（5）机器人 1 通信管理（P4）程序

机器人 1 通信管理（P4）程序如图 3.32 所示，其对应的程序流程图如图 3.33 所示。该程序完成以下几个方面的功能：

① Modbus 通信的状态检测、连接的建立、连接的断开（连续断开 2s 以后会重新连接）。

② 建立轮询数据块命令 MBTMPDB 用于查询机器人 1 的状态及外设控制请求，轮询时间间隔为 10ms，查询到的 16 位数据保存在 PLC 数据寄存器 D3026 中。其中，状态包括手臂是否就绪（相当于是否上电）、是否在加工原点、是否在运动中和是否在暂停中；外设控制请求是用来控制机器人 1 工装夹具的 4 个电磁阀。

注意：在 Modbus 协议中，地址从 1 开始编排，而在机器人和 PLC 中则从 0 开始编排，因此轮询数据块的位地址 11 相当于机器人和 PLC 中的 10。

③ 对机器人 1 手动控制信号的检测与处理，检测到的控制数据保存在 PLC 数据寄存器 D3030，并把 D3030 的数据通过 Modbus 通信方式发送给机器人 1。

注：机器人 1 对应的 IP 地址为 192.168.1.20。

图 3.32　机器人 1 通信管理（P4）程序

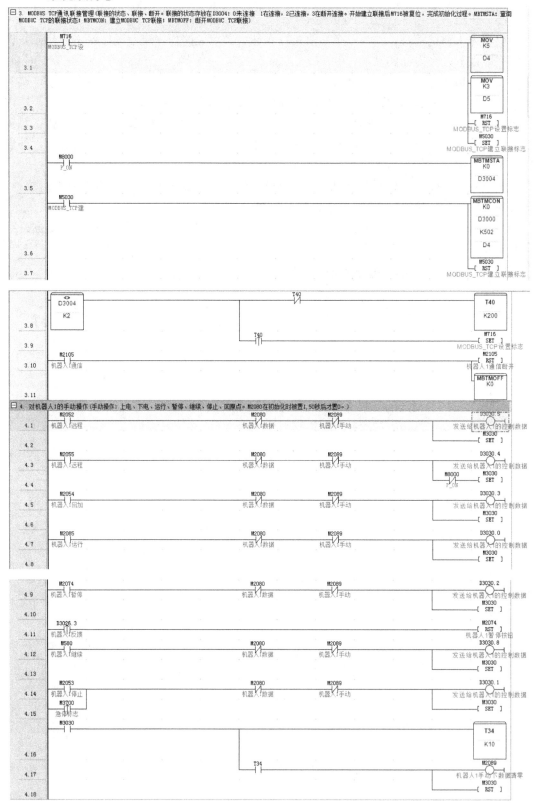

图 3.32　机器人 1 通信管理（P4）程序（续）

5. 把手动控制机器人1的数据发送给机器人1（MBTMODB：单次写数据块命令。把PLC中手动控制机器人1的多位数据通过MODBUS TCP发送给机器人1，从机（机器人）存储的起始地址为0（在MODBUS协议中，位地址中，位地址从1开始编排，而在机器人和PLC中则从0开始编排VS协议中，地址从1开始编排，而在机器人和PLC中则从0开始编排，这里的位地址1相当于在机器人和PLC中的0），数据长度为10位，PLC的数据寄存器地址为D3030。）

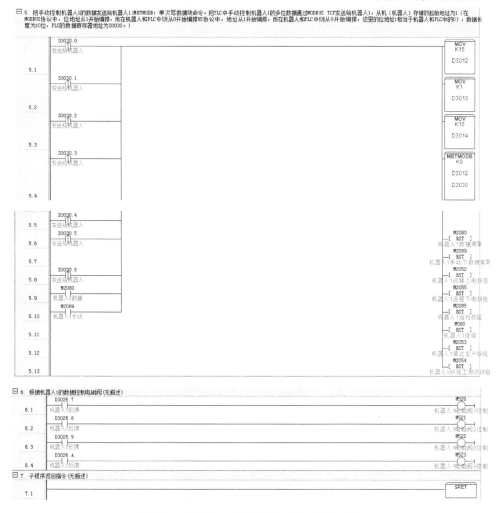

图 3.32 机器人 1 通信管理（P4）程序（续）

六、NetSCADA 程序的设计 ●●●●

1. 建立 NetSCADA 工程文件

建立一个 NetSCADA 工程，这里把工程的名称定义为 NetSCADAExample3。

2. 建立 OPC 驱动并配置数据块

按照项目一的方法，为本工程建立一个 OPC 驱动，用于和海得 PLC 通信，数据块的各种数据见表 3-9，配置好的 OPC 数据块如图 3.34 所示。

表 3-9 OPC 变量表

数据区类型	数 据 范 围	数据区类型	数 据 范 围
X	0～15	M	580～587、2000～3000
Y	0～47	D	3000～3200

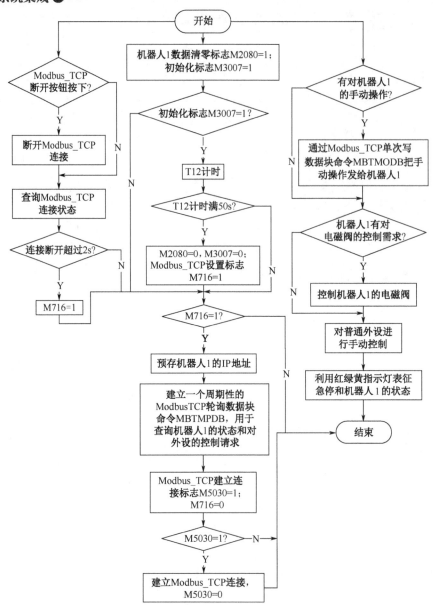

图 3.33　机器人 1 通信管理（P4）程序流程图

3. 配置变量

在项目一的基础上，再建立一个自定义变量组"机器人 1 手动控制变量"，该组中的变量如图 3.35 所示，它们全部都是 OPC 变量。

4. 创建数值映射表

本项目所需要的数值映射表和项目一一致，具体见表 1-4 所列。

5. 编辑用户界面窗口

本项目需要创建两个用户界面窗口，一个是外设监控界面，名称为"ShouDong"（该界面和项目一基本相同），另一个是机器人手动控制界面，名称为"MainPage"。

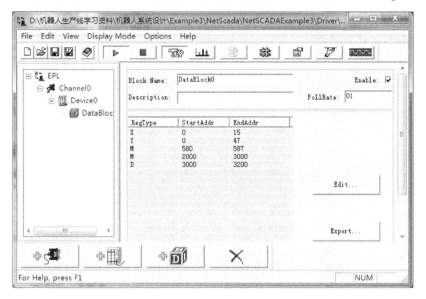

图 3.34　配置好的 OPC 数据块

图 3.35　机器人 1 手动控制变量

1）外设监控界面的设计

外设监控界面如图 3.36 所示，它和项目一的界面基本相同，不同的是增加了一个机器人手动控制界面切换按钮 机器人手动控制界面 ，该按钮需要设置一个事件的鼠标单击的动作，如图 3.37 所示，该动作的功能是实现切换到机器人手动控制界面 MainPage。

2）机器人手动控制界面的设计

机器人手动控制界面如图 3.38 所示，界面的大小和外设监控界面相同。

（1）背景的设计

其中的背景为一个图像组件，连接的背景图像如图 3.39 所示。

（2）界面切换按钮的设计

如图 3.40 所示，界面中存在一个外设监控界面切换按钮 外设监控界面 ，该按钮需要设置一个事件的鼠标单击的动作，该动作的功能是打开窗口 ShouDong。

（3）状态指示标志的设计

如图 3.40 所示，每个状态采用文字+椭圆图形的指示方式，其中椭圆图形的颜色随着状态的改变而显示不同的颜色。

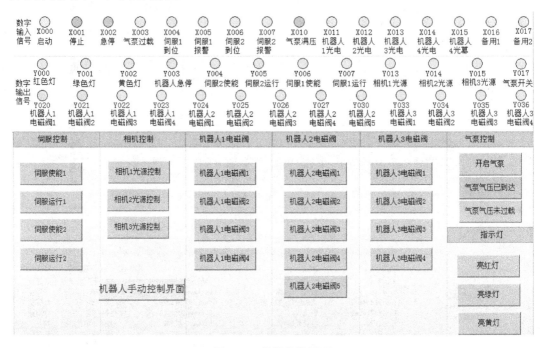

图 3.36　外设监控界面

图 3.37　机器人手动控制界面切换按钮的事件动作

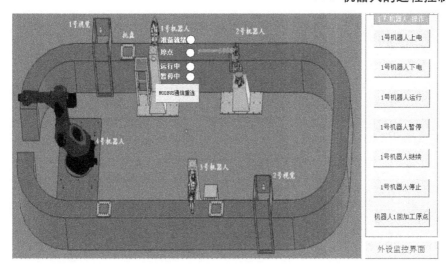

图 3.38　机器人手动控制界面

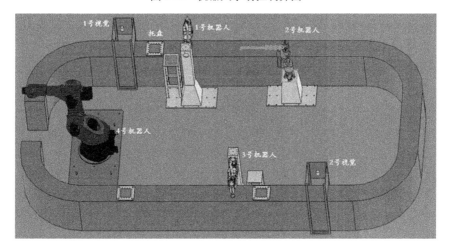

图 3.39　背景图像

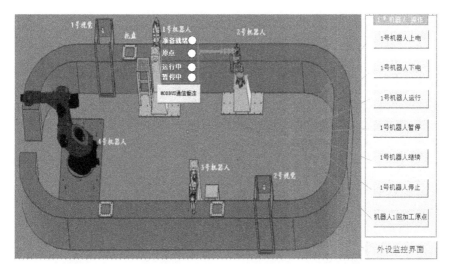

图 3.40　机器人手动控制界面组件分类

椭圆组件的宽为20、高为20，椭圆组件的填充属性设置见表3-10，具体的位置应根据实际情况灵活设置。

表 3-10　椭圆组件的填充属性设置

	准备就绪	原　点	运 行 中	暂 停 中
表达式	Rob1Rdy	Rob1IsHome	Rob1IsMoving	Rob1IsPause
背景色	（白色） 色调160，饱和度0，亮度240； 红255，绿255，蓝255			
实体填充颜色	（绿色） 色调80，饱和度240，亮度120； 红0，绿255，蓝0			

（4）普通按钮的设计

本界面的7个普通按钮都和机器人1有关，它们的主要属性设置见表3-11，其中的灰色设置为：色调160，饱和度0，亮度206，红219，绿219，蓝219；蓝色设置为：色调160，饱和度240，亮度120，红0，绿0，蓝255。

按钮的大小和具体的位置应根据实际情况灵活设置。

表 3-11　普通按钮的属性设置

按　钮	显示表达式	填　充	事　件
Modbus 通信重新连接	D3004!=2	表达式：Rob1ModbusReconnect（范围：0、1） 背景色：灰色 实体填充色：蓝色	鼠标左键按下， 开关赋值： Rob1ModbusReconnect
1#机器人上电	!Rob1Rdy	表达式：Rob1EnaPower（范围：0、1） 背景色：灰色 实体填充色：蓝色	鼠标左键按下， 绝对赋值： Rob1EnaPower=1
1#机器人下电	Rob1Rdy	表达式：Rob1DisPower（范围：0、1） 背景色：灰色 实体填充色：蓝色	鼠标左键按下， 绝对赋值： Rob1DisPower=1
1#机器人运行	Rob1Rdy && Rob1IsHome	表达式：Rob1StartCycle（范围：0、1） 背景色：灰色 实体填充色：蓝色	鼠标左键按下， 开关赋值： Rob1StartCycle
1#机器人暂停	Rob1IsMoving	表达式：Rob1PauseCycle（范围：0、1） 背景色：灰色 实体填充色：蓝色	鼠标左键按下， 绝对赋值： Rob1PauseCycle=1
1#机器人继续	Rob1IsPause	表达式：Rob1RestartCycle（范围：0、1） 背景色：灰色 实体填充色：蓝色	鼠标左键按下， 绝对赋值： Rob1RestartCycle=1
1#机器人停止	Rob1IsPause ‖ Rob1IsMoving	无	鼠标左键按下， 开关赋值： Rob1StopCycle

按　　钮	显示表达式	填　　充	事　　件
1#机器人回加工原点	Rob1Rdy　&& （!Rob1IsHome）	无	鼠标左键按下， 开关赋值： Rob1GoHome

6．设置运行参数

把程序运行时自动打开的窗口设为 MainPage.gpi。

七、相关知识●●●●●

1．机器人相关指令解释

（1）call 指令

call 指令格式及功能见表 3-12。

表 3-12　call 指令格式及功能

格　　式			
void	call	program	（[parameter1] [，parameter1][...]）
↙		↙	↙
返回值：无		函数名	被调用函数所需参数
功　　能			
该指令调用并执行一个用户定义的程序，在这个程序名后的参数的数量和类型必须与该程序定义的参数匹配。指定作为参数的表达式按它们被指定的顺序首先被执行，然后初始化局部变量，最后启动并执行该程序。 当被调用的程序执行了一个返回或结束指令后，该调用完成			

（2）userPage 指令

userPage 指令格式及功能见表 3-13。

表 3-13　userPage 指令格式及功能

格　　式	
void	userPage（）
功　　能	
在 MCP 屏幕上显示用户界面	

（3）cls 指令

cls 指令格式及功能见表 3-14。

表 3-14　cls 指令格式及功能

格　　式	
void	cls（）
功　　能	
清除当前用户页面的内容，并将光标置于（0，0）	

（4）gotoxy 指令

gotoxy 指令格式及功能见表 3-15。

表 3-15　gotoxy 指令格式及功能

格　式		
void	gotoxy	（num nX,	num nY）
✓		✓	✓
返回值：无		X 坐标	Y 坐标
功　能		
将光标放置于用户界面的（nX，nY）坐标上。如图 3.41 所示，用户界面共有 14 行 40 列，左上角坐标为（0，0），右下角坐标为（39，13）		

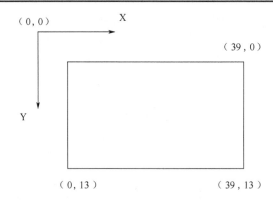

图 3.41　MCP 用户界面坐标定义

（5）put、putln 指令

put、putln 指令格式及功能见表 3-16。

表 3-16　put、putln 指令格式及功能

格　式		
void	put	（string sText）
void	put	（num nValue）
void	putln	（string sText）
void	putln	（num nValue）
✓		✓
返回值：无		信息
功　能		
这些指令在光标位置显示指定的 sText 或 nValue（精确到 3 位小数），然后光标被定位在所显示信息的最后一个字符（put 指令）上，或者被定位在下一行的第一个字符（putln 指令）上。 当光标在行的最后时，显示下一行继续；当光标在界面的最后时，则用户界面的显示向上移一行		

（6）popUpMsg 指令

popUpMsg 指令格式及功能见表 3-17。

表 3-17　popUpMsg 指令格式及功能

格　　式		
void	popUpMsg	（string sText）
↙		↙
返回值：无		信息
功　　能		
该指令在当前 MCP 窗口之上，打开一个"popup"窗口并在该窗口显示 sText。此窗口保持显示，直至单击"OK"按钮或按 Esc 键确认		

（7）getKey 指令

getKey 指令格式及功能见表 3-18。

表 3-18　getKey 指令格式及功能

格　　式		
num	getKey	（　　　）
num	getKey	（screen scPage）
↙		↙
返回值：键值		指定的用户界面
功　　能		
该指令获得控制面板键盘上段按下的按键的编码。它返回调用 getKey（）前所按的最后按键的编码，如果没有按任何键的话，则返回-1。当 scPage 被定义时，指定在该用户界面获取被按下的按键的编码，否则从当前活动界面中获取。 与 get（）指令（该指令获取一个字符串，一个数字或一个控制面板键，按菜单键或 Return 键或 Esc 键来完成输入，指令返回结束输入所用键的代码）不同，getKey（）立即返回。 所按的键不显示，并且当前光标位置保持不变		

（8）workingMode 指令

workingMode 指令格式及功能见表 3-19。

表 3-19　workingMode 指令格式及功能

格　　式	
num	workingMode （）
↙	
返回值： 0：无效或转换中，1：手动，2：测试，3：本地，4：远程	
功　　能	
返回机器人的当前工作模式	

（9）isPowered 指令

isPowered 指令格式及功能见表 3-20。

表 3-20　isPowered 指令格式及功能

格　式	
bool	isPowered（）
↙	
返回值：	
true：手臂处于电源接通状态	
false：手臂电源关闭，或者正在上电中	
功　能	
返回机器人手臂的电源状态	

（10）enablePower 指令

enablePower 指令格式及功能见表 3-21。

表 3-21　enablePower 指令格式及功能

格　式	
void	enablePower（）
功　能	
在远程模式下，该指令给机器人手臂上电。	
此指令对当地模式、手动模式或测试模式，或者电源正在被切断时，不会起任何作用。它在日志中生成信息，从而避免重复地启用电源的无延期尝试	

（11）disablePower 指令

disablePower 指令格式及功能见表 3-22。

表 3-22　disablePower 指令格式及功能

格　式	
void	disablePower（）
功　能	
该指令切断机器人手臂电源，并等待直到电源真正被切断。	
如果机器人手臂正在运动，在切断电源前手臂在其运行轨迹上立即停止	

（12）watch 指令

watch 指令格式及功能见表 3-23。

表 3-23　watch 指令格式及功能

格　式		
bool	watch	（bool bCondition，	num nSeconds）
↙		↙	↙
返回值：		立即退出等待的条件	最长等待的时间
true：在 nSeconds 秒之内 bCondition 为 true；			
false：在 nSeconds 秒之内 bCondition 一直为 false			

功　　能
该指令暂停当前任务，直到 bCondition 为 true 或已经过了 nSeconds 秒。
如果当 bCondition 为 true 时，等待时间结束，返回 true；否则当等待时间结束时返回 false，因为已超时

（13）wait 指令

wait 指令格式及功能见表 3-24。

表 3-24　wait 指令格式及功能

格　　式		
void	wait	（bool bCondition）
✓		✓
返回值：无		条件
功　　能		
该指令暂停当前任务，直至 bCondition 为 true。		
在等待期间，任务保持 RUNNING 状态		

（14）delay 指令

delay 指令格式及功能见表 3-25。

表 3-25　delay 指令格式及功能

格　　式		
void	delay	（num nSeconds）
✓		✓
返回值：无		秒数
功　　能		
该指令暂停当前任务 nSeconds 秒。		
在等待期间，任务保持 RUNNING 状态。如果 nSeconds 是负的或 0，系统立即给下一个 val3 任务定序（让下一个任务执行）。		
一般，在不需要独占用系统运行时间的循环任务程序的末尾调用 delay（0），以便让其他的任务可以立即得到执行的机会		

（15）taskCreate 指令

taskCreate 指令格式及功能见表 3-26。

表 3-26　taskCreate 指令格式及功能

格　　式			
void	taskCreate	（ string sName,	num nPriority,	program（…）　）
✓		✓	✓	✓
返回值：无		任务的名字	优先级	任务的处理函数
功　　能			
该指令创建并启动 sName 任务。			
sName 任务启动后，一个使用指定参数程序 program 被调用，当 program 结束时任务也随之终止，也可以使用 taskKill 指令中止任务。			
nPriority 必须在 1~100 之间，值越大优先级越高			

（16）taskStatus 指令

taskStatus 指令格式及功能见表 3-27。

表 3-27　taskStatus 指令格式及功能

格　式		
num	taskStatus	（string sName）
↙		↙
返回值：任务的状态		任务名
功　能		
返回 sName 任务的当前状态。 -1：当前库或程序没有创建 sName 任务； 0：任务 sName 暂停，无运行时错误； 1：由当前库或软件应用创建的任务 sName 正在运行之中。 更多的状态描述请参阅 val3 开发手册		

（17）taskKill 指令

taskKill 指令格式及功能见表 3-28。

表 3-28　taskKill 指令格式及功能

格　式		
void	taskKill	（string sName）
↙		↙
返回值：无		任务名
功　能		
该指令暂停 sName 任务的执行，然后将它删除。当指令已经被执行，任务 sName 就不再出现在系统中。 如果没有 sName 任务，或者 sName 任务由其他的库所创建，则指令无效		

（18）autoConnectMove 指令

autoConnectMove 指令格式及功能见表 3-29。

表 3-29　autoConnectMove 指令格式及功能

格　式		
void	autoConnectMove	（bool bActive）
bool	autoConnectMove	（　　　　　）
↙		↙
返回值		条件
功　能		
在远程模式下，如果手臂非常接近它的轨迹（距离小于最大允许漂移误差），连接运动是自动的。如果机器人手臂离它的轨迹太远，连接运动是自动还是手动控制，取决于由 autoConnectMove 指令定义的模式：如果 bActive 为 true 则为自动模式，如果 bActive 为于 false 则为手动控制。 　在没有参数的情况下调用，autoConnectMove 返回当前连接运动的模式。 　默认情况下，远程模式下的连接运动为手动控制		

（19）stopMove 指令

stopMove 指令格式及功能见表 3-30。

表 3-30　stopMove 指令格式及功能

格　　式	
void	stopMove（）
功　　能	
该指令使手臂在轨迹上停止运动，并暂停程序编制运动的执行。	
该指令立即返回 VAL 3 任务，不等待手臂运动完成就执行下一个指令。	
运动只能在 restartMove（）或 resetMotion（）指令之后继续进行，而没有编制程序的运动（手动移动）则仍是可能的	

（20）resetMotion 指令

resetMotion 指令格式及功能见表 3-31。

表 3-31　resetMotion 指令格式及功能

格　　式			
void	resetMotion	（	）
void	resetMotion	（joint jStartingPoint）	
↙		↙	
返回值		下一个运动开始的地方	
功　　能			
该指令停止机器人手臂在轨迹上的运动，并取消所有已经保存的运动命令。它将运动标识符重置为零。			
如果编程的运动准许是被 stopMove（）指令中止的，此准许被恢复。			
如果指定 jStartingPoint 关节位置，下一个运动命令只能从这个位置开始执行（必须事先执行一个连接运动，以便由停止的地方到达 jStartingPoint 位置）。			
如果没有指定任何关节点，无论机器人手臂的当前位置在什么地方，下个运动指令将在该位置开始执行			

（21）restartMove 指令

restartMove 指令格式及功能见表 3-32。

表 3-32　restartMove 指令格式及功能

格　　式	
void	restartMove（）
功　　能	
该指令恢复所编制的运动准许，并继续被 stopMove（）指令中断的轨迹。	
如果编制的运动许可没有被 stopMove（）指令中断，此指令就没有任何作用	

2．PLC 相关介绍

1）定时器的介绍

海得 PLC 的定时器共 256 个，T0～T255，采用程序存储器内的常数 K 或者数据寄存器 D 的内容作为设定值。定时器的精度取决于硬件系统时钟误差和整个 PLC 程序的扫描周期。

定时器的分类见表 3-33。

表 3-33　定时器的分类

分　类	个　数	编　号
10ms 非累积型	200	T0-T199
100ms 非累积型	50	T200-T249
100ms 累积型	6	T250-T255

功能： 启动定时器后，当定时器内部寄存器统计的时钟脉冲数达到定时器的设定值时输出触点动作。

当启动非累积型定时器的通路中断时，非累积型定时器复位，且内部寄存器自动清零。

当启动累积型定时器的通路中断时，累积型定时器输出复位，但内部寄存器保持当前的定时值；如果需要复位累积型定时器的内部寄存器，使用 RST 指令。

注1： EPLC 定时器 T0～T255 内部数据寄存器虽然是 32 位的，但最大设定值仍为 32767，在不作定时器使用时，可以作为数据寄存器使用。

注 2： 定时器执行后，即接通定时器的输入条件始终接通，无法通过上位机在线或者使用 MOV 等指令修改定时器内部的寄存器值。只有当定时器没有被接通时可以通过上述手段设定定时器的内部寄存器值。当内部寄存器值大于设定值时，定时器导通，内部寄存器值变为设定值。

（1）非累积型定时器

非累积性定时器的示例如图 3.42 所示，如果定时器线圈 T200 的驱动输入 X000 为 ON，T200 内部寄存器累积 100ms 时钟脉冲。如果该值大于等于设定值 111 时，定时器的输出触点动作，也就是说输出触点在线圈驱动 11.1s 后动作。驱动输入 X000 断开或者停电，定时器复位，输出触点复位。

（2）累积型定时器

累积性定时器的示例如图 3.43 所示，如果定时器线圈 T250 的驱动输入 X001 为 ON，则 T250 内部寄存器将累积 100ms 的时钟脉冲。如果该值达到设定值 333 时，定时器的输出触点动作。

在运行过程中，即使输入 X001 断开或者停电，再启动时，定时器继续累积，累积时间达到 33.3s 时动作。

如果复位输入条件 X002 为 ON 时，定时器复位内部寄存器清零，输出复位。

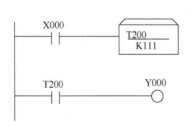

图 3.42　非累积性定时器示例

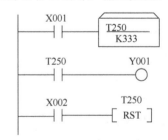

图 3.43　累积性定时器示例

2）Modbus 通信的介绍

（1）MBTMCON 指令（通信的连接）

MBTMCON 指令建立通信连接，具体说明见表 3-34。

表 3-34　MBTMCON 指令的说明

参　　数	参 数 说 明	参数长度/字
源数据 1	连接标识号 0～9	1
源数据 2	IP 地址	4
源数据 3	端口号	1
源数据 4	数据通信超时时间（s）	1
	超时重试次数（暂无效）	1

MBTMCON 指令的应用示例如图 3.44 所示，当 M0 从"0"→"1"时，执行 MBTMCON 指令。创建一个连接 ID 为 0 的连接，该连接通信目标的 IP 地址为"192.168.100.11"，端口号为 502，该连接中的数据块通信最大超时时间为 5s，重试次数为 3 次。

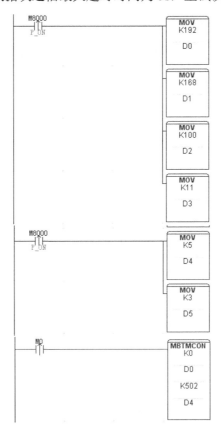

图 3.44　MBTMCON 指令的应用示例

（2）MBTMOFF 指令（通信的断开）

MBTMOFF 指令断开通信连接，具体说明见表 3-35。

表 3-35　MBTMOFF 指令的说明

参数	参数说明	参数长度/字
源数据 1	连接标识号 0～9	1

MBTMOFF 指令的应用示例如图 3.45 所示，当 M2 置 ON 时，执行 MBTMOFF 指令，断开 ID 为 0 的连接。

图 3.45　MBTMOFF 指令的应用示例

（3）MBTMSTA 指令（通信的状态）

MBTMSTA 指令获取连接状态，具体的说明见表 3-36。

表 3-36　MBTMSTA 指令的说明

参　数	参　数　说　明	参数长度/字
源数据 1	连接标识号 0~9	1
源数据 2	连接状态：0=未连接，1=正在连接，2=已连接，3=正在断开连接	1
	超时次数	1
	已发送的轮询数据包数	1
	已收到的轮询数据包数	1

MBTMSTA 指令的应用示例如图 3.46 所示，当 PLC 程序开始运行时，执行 MBTMSTA 指令，获取 ID 为 0 的连接状态等信息，并存放到以 D90 为首地址的连续 4 个数据寄存器中。

图 3.46　MBTMSTA 指令的应用示例

（4）MBTMPDB 指令（创建轮询数据块）

MBTMPDB 指令创建轮询数据块，具体说明见表 3-37。

表 3-37　MBTMPDB 指令的说明

参　数	参　数　说　明	参数长度/字
源数据 1	连接标识号 0~9	1
源数据 2	数据块标识号 0~19	1
源数据 3	Modbus 功能码	1
	客户端起始地址	1
	数据长度（位<256 个，寄存器<128 个）	1
	轮询时间间隔（单位：10ms）	1
源数据 4	本机起始地址	1

MBTMPDB 指令的应用示例如图 3.47 所示，当 M0 为 ON 时，执行 MBTMPDB 指令。向 ID 为 0 的连接中添加一个轮询数据块，用来读取客户端以 10 为首地址，长度为 50 的状态寄存器，读取后的结果存放到 D1000 为首地址的数据寄存器中，其中每一个数据寄存器存放 16 个读取的状态寄存器。

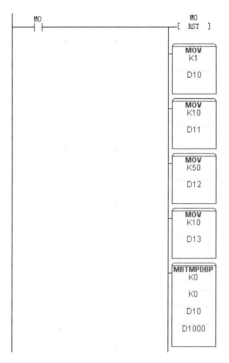

图 3.47　MBTMPDB 指令的应用示例

（5）MBTMODB 指令（创建单次读写数据块）

MBTMODB 指令断开通信连接，具体说明见表 3-38。

表 3-38　MBTMODB 指令的说明

参　　数	参 数 说 明	参数长度/字
源数据 1	连接标识号 0～9	1
源数据 2	Modbus 功能码	1
	客户端起始地址	1
	数据长度（位<256 个，寄存器<128 个）	1
	轮询时间间隔（单位 10ms）	1
源数据 3	本机起始地址	1

同一时刻，单个 MBTM 连接最大可以缓存 10 个待执行的单次执行数据块命令。和轮询数据块不同，当单次执行数据块被执行过后，该数据块将会被自动删除，等待下次的单次执行数据块命令被写入。

MBTMODB 指令的应用示例如图 3.48 所示，当 M3 为 ON 时，执行 MBTMODB 指令。向 ID 为 0 的连接中插入一个单次执行数据块，用来向客户端以 10001 为首地址、长度为 100 的状态寄存器中写入数据，需要写入的数据存放在以 D2000 为首地址的数据寄存器中，其中每一个数据寄存器存放 16 个需要写入的状态寄存器。

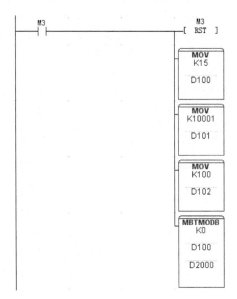

图 3.48　MBTMODB 指令的应用示例

（6）Modbus 主要功能码

Modbus 主要功能码见表 3-39。

表 3-39　Modbus 主要功能码

功　能　码	说　　　明	功　能　码	说　　　明
1	读状态寄存器	5	写单个状态寄存器
2	读数字量输入	6	写单个保持型数据寄存器
3	读保持型数据寄存器	15	写多个状态寄存器
4	读模拟量输入	16	写多个保持型数据寄存器

（7）Modbus/TCP 编程的步骤

当 EControl PLC 需要使用 Modbus/TCP 和其他 PLC 或者传感器通信时，需要使用到 MBTM 类指令。一共可以创建 10 个连接，其中每个连接最多可以分别创建 20 个轮询数据块及 10 个单次执行数据块。编程步骤分为以下 5 步：

第 1 步，使用 MBTMPDB 依次创建需要周期性轮询的数据块；

第 2 步，定义连接 ID、IP 地址、端口号、轮询超时时间、并使用 MBTMCON 创建连接；

第 3 步，通过状态读取指令 MBTMSTA 可获取指定 ID 的连接状态，超时次数，数据包收发信息；

第 4 步，如果有根据当前逻辑需要临时性的执行一次读或写操作，可以使用单次读写数据块命令 MBTMODB 对指定 ID 连接进行操作；

第 5 步，可以使用关闭命令 MBTMOFF 关闭指定 ID 的连接，并清除所有轮询数据块及单次读写数据块。

八、练习 ●●●●

功能要求：

在项目三的基础上要控制的机器人由 1 号机器人 Ts40 改变为 2 号机器人 Tx60，此时机器人要控制的电磁阀变为控制 2 号机器人工装夹具的 5 个电磁阀，其他的控制任务不变。针对这种改变，修改机器人程序、PLC 程序和 NetSCADA 程序。

已知条件：

本练习所需要的所有信号见表 3-1、表 3-2、表 3-40、表 3-41、表 3-42 和表 3-43 所列。

注：

① 机器人 2 对应的 IP 地址为 192.168.1.21。

② 在不考虑需要在同一个 PLC 程序和 NetSCADA 程序中对多台机器人、多台相机进行控制的情况下，除了机器人的 IP 地址、相机的 ID、电磁阀数量引起的变化等，其他变量的定义可以保持不变。这里之所以对大部分变量进行修改，是为了方便编 PLC 程序和NetSCADA 程序，对多台机器人、多台相机进行控制。

表 3-40　机器人 2 对外设的控制请求信号分配表

机器人 2 对外设的控制请求	ROBOT	PLC
机器人 2 电磁阀 1 控制	dOutAction[0]（O）	D3064.7、M524
机器人 2 电磁阀 2 控制	dOutAction[1]（O）	D3064.8、M525
机器人 2 电磁阀 3 控制	dOutAction[2]（O）	D3064.9、M526
机器人 2 电磁阀 4 控制	dOutAction[3]（O）	D3064.A、M527
机器人 2 电磁阀 5 控制	dOutAction[4]（O）	D3064.B、M530

表 3-41　机器人 2 的状态变量信号分配表

机器人 2 状态	ROBOT	PLC	NetSCADA
准备就绪	dOutRobRdy（O）	D3064.0	D3064：0
加工原点	dOutIsHome（O）	D3064.1	D3064：1
运行中	dOutIsMoving（O）	D3064.6	D3064：6
暂停中	dOutIsPause（O）	D3064.3	D3064：3

表 3-42　对机器人 2 的手动控制信号分配表

机器人 2 手动控制	ROBOT	PLC	NetSCADA
通信重新连接	无	M2106	M2106
上电	dInEnaPower（I）	M2056、D3068.5	M2056
下电	dInDisPower（I）	M2059、D3068.4	M2059
运行	dInStartCycle（I）	M2086、D3068.0	M2086
暂停	dInPauseCycle（I）	M2075、D3068.2	M2075

续表

机器人 2 手动控制	ROBOT	PLC	NetSCADA
继续	dInRestartCycle（I）	M582、D3068.8	M582
停止	dInStopCycle（I）	M2057、D3068.1	M2057
回加工原点	dInResetRob（I）	M2058、D3068.3	M2058

表 3-43　PLC 其他辅助变量信号分配表

变量名	地址	变量名	地址
机器人 2Modbus_TCP 设置标志	M717	机器人 2Modbus_TCP 建立连接标志	M5040
机器人 2 有手动控制数据的标志	M3031	机器人 2Modbus 连接状态	D3044
机器人 2 数据清零标志	M2081	机器人 2 反馈回来的状态数据	D3064
机器人 2 手动下数据清零	M2090	发送给机器人 2 的控制数据	D3068
初始化标志	M3007	缓存 IP 地址	D3040～D3043
急停标志	M3700	缓存 MBTMCON 指令信息	D4～D5
缓存 MBTMPDB 指令信息	D3250～D3253	缓存 MBTMODB 指令信息	D3051～D3053
机器人 2 手动控制数据清零计时器	T35	机器人 2 Modbus_TCP 断开计时器	T41
数据清零计时器	T12		

项目四

机器人的多任务控制

一、功能要求●●●

1. 项目功能

在项目三的基础上，本项目增加一套加工程序，共有两套程序。一套是项目三中的点到点的运动程序，没有电磁阀的控制；另外一套是钢珠的分拣程序，有电磁阀的控制，且上位机可以设定机器人的加工程序。其中，钢珠的分拣程序实现把钢珠托盘右边 4 列的钢珠搬运到左边的 4 列中，然后又把左边 4 列的钢珠搬运到右边的 4 列中。

在 NetSCADA 的外设监控界面和机器人手动控制界面上都增加一个手自动工作模式的切换按钮，另外在机器人手动控制界面上还增加一个加工程序类别设置按钮。

2. 项目目标

（1）熟练掌握海得 PLC、NetSCADA 的使用；
（2）熟练掌握通过 OPC 通信协议实现 PLC 与 NetSCADA 的通信；
（3）熟练掌握史陶比尔机器人的示教与编程，可以编写复杂的机器人程序；
（4）掌握史陶比尔机器人和海得 PLC 之间通过 Modbus TCP 进行通信的方法。

3. 项目重点

（1）海得 PLC 的编程；
（2）NetSCADA 的界面开发；
（3）NetSCADA 与 PLC 的 OPC 通信；
（4）史陶比尔机器人的用户界面编程；
（5）史陶比尔机器人的多任务编程；
（6）史陶比尔机器人与 PLC 的 Modbus TCP 通信。

二、所需软件●●●

（1）NetSCADA 5.0 项目开发器 NetSCADA 5.0-DevProject：用于编辑 NetSCADA 程序；
（2）NetSCADA 5.0 监控现场 NetSCADA 5.0-Field：用于运行 NetSCADA 程序；
（3）EControlPLC2.1：用于编辑海得 PLC 程序；

（4）海得 PLC 以太驱动 EPL：用于建立 NetSCADA 与海得 PLC 之间的 OPC 驱动；

（5）Staubli Robotics Suite （SRS）2013.4.4：史陶比尔机器人离线编程软件；

（6）ftpsurfer107：用于史陶比尔机器人控制器访问 ftp 服务器，实现文件的上传与下载。

三、设备连接关系 ●●●●

1. 拓扑结构

PC、PLC、ROBOT 和外设之间的拓扑结构和项目三相同，如图 3.1 所示。

2. 控制信号列表

在本系统中，需要监控的普通外设的 I/O 分配情况和项目三一致，在此将其重列于表 4-1。

PC 端 NetSCADA 界面上手动控制普通外设按钮的控制信号和项目三一致，在此将其重列于表 4-2；机器人 1 对外设的控制请求信号分配表和项目三一致，在此将其重列于表 4-3；机器人 1 的状态变量信号分配表和项目三一致，在此将其重列于表 4-4；对机器人 1 手动控制信号分配表和项目三相比多了程序类别、程序设定和手自动运行模式三个变量，见表 4-5 中的最后三个变量；和项目三一样，PLC 其他变量信号分配表见表 4-6。

表 4-1　外设 I/O 分配表

外　　设	PLC	PC NetSCADA	I/O 类型，以 PLC 为主体
启动按钮	X000	X000	I，高电平有效
停止按钮	X001	X001	I，低电平有效
急停按钮	X002	X002	I，低电平有效
气泵是否过压	X003	X003	I，低电平有效
伺服电机 1 到位信号	X004	X004	I，高电平有效
伺服电机 1 报警信号	X005	X005	I，高电平有效
伺服电机 2 到位信号	X006	X006	I，高电平有效
伺服电机 2 报警信号	X007	X007	I，高电平有效
气泵是否满压	X010	X010	I，高电平有效
机器人 1 光电信号	X011	X011	I，高电平有效
机器人 2 光电信号	X012	X012	I，高电平有效
机器人 3 光电信号	X013	X013	I，高电平有效
机器人 4 光电信号	X014	X014	I，高电平有效
机器人 4 光幕信号	X015	X015	I，高电平有效
输入备用 1	X016	X016	I，高电平有效
输入备用 2	X017	X017	I，高电平有效
红色指示灯	Y000	Y000	O
绿色指示灯	Y001	Y001	O
黄色指示灯	Y002	Y002	O
机器人 1 急停信号			
机器人 2 急停信号	Y003	Y003	O，低电平有效
机器人 3 急停信号			

续表

外　设	PLC	PC NetSCADA	I/O 类型，以 PLC 为主体
流水线伺服电机 2 使能	Y004	Y004	O
流水线伺服电机 2 运行	Y005	Y005	O
流水线伺服电机 1 使能	Y006	Y006	O
流水线伺服电机 1 运行	Y007	Y007	O
相机 1 光源控制	Y013	Y013	O
相机 2 光源控制	Y014	Y014	O
相机 3 光源控制	Y015	Y015	O
气泵开关	Y017	Y017	O
机器人 1 电磁阀 1	Y020	Y020	O
机器人 1 电磁阀 2	Y021	Y006	O
机器人 1 电磁阀 3	Y022	Y007	O
机器人 1 电磁阀 4	Y023	Y023	O
机器人 2 电磁阀 1	Y024	Y024	O
机器人 2 电磁阀 2	Y025	Y025	O
机器人 2 电磁阀 3	Y026	Y026	O
机器人 2 电磁阀 4	Y027	Y027	O
机器人 2 电磁阀 5	Y030	Y030	O
机器人 3 电磁阀 1	Y033	Y033	O
机器人 3 电磁阀 2	Y034	Y034	O
机器人 3 电磁阀 3	Y035	Y035	O

表 4-2　控制按钮信号分配表

外　设	PLC	PC NetSCADA	备　注
红色指示灯按钮	M2000	M2000	
绿色指示灯按钮	M2001	M2001	
黄色指示灯按钮	M2002	M2002	
流水线伺服电机 2 使能按钮	M2004	M2004	
流水线伺服电机 2 运行按钮	M2005	M2005	
流水线伺服电机 1 使能按钮	M2006	M2006	
流水线伺服电机 1 运行按钮	M2007	M2007	
相机 1 光源控制按钮	M2013	M2013	
相机 2 光源控制按钮	M2014	M2014	
相机 3 光源控制按钮	M2015	M2015	
气泵开关按钮	M2017	M2017	
机器人 1 电磁阀 1 按钮	M2020	M2020	
机器人 1 电磁阀 2 按钮	M2021	M2021	
机器人 1 电磁阀 3 按钮	M2022	M2022	
机器人 1 电磁阀 4 按钮	M2023	M2023	
机器人 2 电磁阀 1 按钮	M2024	M2024	
机器人 2 电磁阀 2 按钮	M2025	M2025	
机器人 2 电磁阀 3 按钮	M2026	M2026	
机器人 2 电磁阀 4 按钮	M2027	M2027	
机器人 2 电磁阀 5 按钮	M2030	M2030	

续表

外　设	PLC	PC NetSCADA	备　注
机器人 3 电磁阀 1 按钮	M2033	M2033	
机器人 3 电磁阀 2 按钮	M2034	M2034	
机器人 3 电磁阀 3 按钮	M2035	M2035	
机器人 3 电磁阀 4 按钮	M2036	M2036	

表 4-3　机器人 1 对外设的控制请求信号分配表

机器人 1 对外设的控制请求	ROBOT	PLC
机器人 1 电磁阀 1 控制	dOutAction[0]（O）	D3026.7、M520
机器人 1 电磁阀 2 控制	dOutAction[1]（O）	D3026.8、M521
机器人 1 电磁阀 3 控制	dOutAction[2]（O）	D3026.9、M522
机器人 1 电磁阀 4 控制	dOutAction[3]（O）	D3026.A、M523

表 4-4　机器人 1 的状态变量信号分配表

机器人 1 状态	ROBOT	PLC	NetSCADA
准备就绪	dOutRobRdy（O）	D3026.0	D3026：0
加工原点	dOutIsHome（O）	D3026.1	D3026：1
运行中	dOutIsMoving（O）	D3026.6	D3026：6
暂停中	dOutIsPause（O）	D3026.3	D3026：3

表 4-5　对机器人 1 的手动控制信号分配表

机器人 1 手动控制	ROBOT	PLC	NetSCADA
通信重新连接	无	M2105	M2105
上电	dInEnaPower（I）	M2052、D3030.5	M2052
下电	dInDisPower（I）	M2055、D3030.4	M2055
运行	dInStartCycle（I）	M2085、D3030.0	M2085
暂停	dInPauseCycle（I）	M2074、D3030.2	M2074
继续	dInRestartCycle（I）	M580、D3030.8	M580
停止	dInStopCycle（I）	M2053、D3030.1	M2053
回加工原点	dInResetRob（I）	M2054、D3030.3	M2054
程序类别	dInPorductType（I）	M2072、D3030.7	M2072
程序设定		M2073	M2073
手自动运行模式		M1039	M1039

表 4-6　PLC 其他变量信号分配表

变　量　名	地　址	变　量　名	地　址
Modbus_TCP 设置标志	M716	Modbus_TCP 建立连接标志	M5030
机器人 1 数据清零标志	M2080	机器人 1 反馈回来的状态数据	D3026
机器人 1 手动模式下数据清零	M2089	发送给机器人 1 的控制数据	D3030
初始化标志	M3007	缓存 IP 地址	D3000～D3003
急停标志	M3700	缓存 MBTMCON 指令信息	D4～D5
缓存 MBTMPDB 指令信息	D3230～D3233	缓存 MBTMODB 指令信息	D3012～D3014
手动控制数据清零计时器	T34	Modbus_TCP 断开计时器	T40
数据清零计时器	T12		

四、机器人 1——Ts40 的程序设计 ••••

按照项目三"五、机器人程序的设计"中介绍的方法建立基于机器人 1——史陶比尔机器人 Ts40 的应用程序 Ts40Example4,并按照以下的步骤编辑 Ts40Example4。

1．配置 Modbus I/O

本项目的 Modbus I/O 的配置和项目三相同,见表 3-7。

2．配置全局数据

本项目中,机器人 1 所需要的全局变量和项目三相比,多了 dInProductType 和 dOutValve 两个变量,有些和坐标信息有关的变量的可能值有所变化,具体见表 4-7。

表 4-7　全局变量列表

变　量	类　型	描　述	值
fBallPallet	frame	钢珠托盘的工件坐标系	X=-167.61,Y=-145.68,Z=47.73,Rx=0.17,Ry=-0.33,Rz=-89.92
pBallPickPos1	point	建立在 fBallPallet 坐标系下的坐标变量	X=23.62,Y=271,Z=1.75,Rx=179.67,Ry=0.17,Rz=-47.57 Shoulder=sam
pBallPickPos2	point	建立在 fBallPallet 坐标系下的坐标变量	X=128.37,Y=264.92,Z=1.34,Rx=179.67,Ry=0.17,Rz=-75.31 Shoulder=same
jHome	joint	建立在 joint 坐标系下的坐标变量,表示加工原点	J1=-101.74,J2=-32.846,J3=140.809,J4=64.5562
mFastSpeed	mdesc	快速速度变量	速度(%)=100,混合=关节
mMiddleSpeed	mdesc	中速速度变量	速度(%)=60,混合=关节
mSlowSpeed	mdesc	慢速速度变量	速度(%)=20,混合=关节
trZ	trsf	坐标偏置变量,在 Z 轴方向上的偏置量	X=0,Y=0,Z=-50,Rx=0,Ry=0,Rz=0
bThereIsMotion	bool	代表机器人 1 是否有运动任务	false
nTaskIndex	num	代表运动任务的编号,0——无,1——单次点到点运动,2——循环点到点运动,3——单次钢珠分拣运动,4——循环钢珠分拣运动,5——回加工原点运动	0
dInDisPower	dio	远程下电	ModbusSrv-0\Modbus-Bit\dInDisPower
dInEnaPower	dio	远程上电	ModbusSrv-0\Modbus-Bit\dInEnaPower
dInPauseCycle	dio	机器人 1 暂停	ModbusSrv-0\Modbus-Bit\dInPauseCycle
dInProductType	dio	机器人 1 程序类别	ModbusSrv-0\Modbus-Bit\dInProductType
dInResetRob	dio	机器人 1 回加工原点	ModbusSrv-0\Modbus-Bit\dInResetRob
dInRestartCycle	dio	机器人 1 继续	ModbusSrv-0\Modbus-Bit\dInRestartCycle
dInStartCycle	dio	机器人 1 运行	ModbusSrv-0\Modbus-Bit\dInStartCycle

变 量	类 型	描 述	值
dInStopCycle	dio	机器人 1 停止	ModbusSrv-0\Modbus-Bit\dInStopCycle
dOutIsHome	dio	机器人 1 在加工原点	ModbusSrv-0\Modbus-Bit\dOutIsHome
dOutIsPause	dio	机器人 1 暂停中	ModbusSrv-0\Modbus-Bit\dOutIsPause
dOutMoving	dio	机器人 1 运行中	ModbusSrv-0\Modbus-Bit\dOutMoving
dOutRobRdy	dio	机器人 1 准备就绪	ModbusSrv-0\Modbus-Bit\dOutRobRdy
dOutValve	dio	机器人 1 电磁阀 1	ModbusSrv-0\Modbus-Bit\dOutAction[0]

注意: 之所以需要示教两个钢珠槽的位置 pBallPickPos1 和 pBallPickPos2,是由于吸盘工具是偏心的。如图 4.1 所示,当它处于一个角度时,不能够遍历到所有的钢珠槽,两个钢珠槽分别对应一个转角。两个钢珠槽的位置为压住钢珠并可以吸住为宜。

图 4.1　钢珠吸盘工具

当所有的全局变量定义完毕以后,变量树形图如图 4.2 所示。

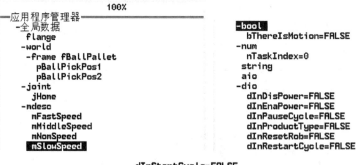

图 4.2　变量树形图

3. 编辑程序

（1）创建子程序

如图 4.3 所示，在默认程序 start、stop 的基础上增加 BallMove、BallMoveForever、GoHome、HMI、Init、I/OCmd、KeyScan、MotionMNG、P2PMove、P2PmoveForever、Supervisor 等 11 个子程序。

（2）start 子程序代码

start 子程序代码如图 4.4 所示，和项目三相比，增加了一个监视手臂是否上电任务 Supervisor。

```
+BallMove
+BallMoveForever
+GoHome
+HMI
+Init
+IOCmd
+KeyScan
+MotionMNG
+P2PMove
+P2PMoveForever
+start
+stop
+Supervisor
```

图 4.3　子程序列表

```
//对用户界面进行初始化
call HMI（）
//对变量、电源和初始位置进行初始化
call Init（）
//When all the instructions in the process function
//of a task finish,    the task will be killed by the system
//创建一个任务对 I/O 变量进行监视并做相应的处理
taskCreate "I/OCmd"，90，I/OCmd（）
//创建一个任务对用户界面的按键进行监视并做相应的处理
taskCreate "KeyScanTask"，95，KeyScan（）
//创建一个任务监视手臂是否上电
taskCreate "Supervisor"，98，Supervisor（）
//创建一个任务对机械臂的运动进行管理
taskCreate "MotionMngTask"，88，MotionMNG（）
```

图 4.4　start 子程序代码

（3）HMI 子程序代码

HMI 子程序代码如图 4.5 所示，和项目三相比，输出的信息行数发生变化，另外功能键的安排也发生变化。

```
//使示教器切换到用户窗口
userPage（）
//清空用户窗口
cls（）
//使光标定位到第 0 行第 0 列
gotoxy（0，0）
//从光标所在的位置输出信息并使光标自动切换到下一行的第 0 列
putln（"F1 to run P2P move once"）
//使光标定位到第 1 行第 0 列
gotoxy（0，1）
putln（"F2 to run P2P move repeatly"）
gotoxy（0，2）
putln（"F3 to run ball pick and place once"）
gotoxy（0，3）
```

图 4.5　HMI 子程序代码

```
        putln（"F4 to run ball pick and place repeatly"）
        gotoxy（0，4）
        putln（"F5 to go home"）
        gotoxy（0，5）
        putln（"F6 to pause/restart move"）
        gotoxy（0，6）
        putln（"F7 to stop moving"）
        gotoxy（0，12）
        putln（"Status："）
        gotoxy（0，13）
    put（"No action"）
```

图 4.5　HMI 子程序代码（续）

（4）Init 子程序代码

Iint 子程序代码如图 4.6 所示，和项目三相比，只多了一条对电磁阀控制变量初始化的语句 dOutValve=**false**。

```
        //复位输出变量
        //if ready
        dOutRobRdy=false
        //At start position
        dOutIsHome=false
        //robot is moving
        dOutMoving=false
        //In pause
        dOutIsPause=false
        //Valves control
        dOutValve=false

        //复位中间变量
        bThereIsMotion=false
        nTaskIndex=0

        //上电管理
        if watch（isPowered（），2）==true
          //robot power is on
          dOutRobRdy=true
        else
          //robot power is off
          if workingMode（）==4
            enablePower（）
            if watch（isPowered（），2）==true
              dOutRobRdy=true
            endIf
          endIf
        endIf

        //如果机器人已经处于就绪状态，则使手臂运行到加工原点
        if dOutRobRdy==true and taskStatus（"GoHomeTask"）==-1
          taskCreate "GoHomeTask"，10，GoHome（）
          wait（taskStatus（"GoHomeTask"）==1）
        endIf
```

图 4.6　Iint 子程序代码

（5）GoHome 子程序代码

GoHome 子程序代码和项目三相同，如图 3.18 所示。

（6）I/OCmd 子程序代码

I/OCmd 子程序代码如图 4.7 所示，和项目三相比主要的区别主要体现在以下两点：

① 运行按钮的操作。由于在 NetSCADA 界面中可以选择两种加工程序，因此这里根据 dInProductType 的值不同，将设置不同的任务请求序号。

② 运动总任务数量。项目三的运动总任务数量为 3 个，而本项目则为 5 个，因此相应的任务请求序号发生变化，需要注销的任务也发生变化。

```
while true
    //上位机发给机器人的命令可能会被重复处理，因此必须做防重复的操作
    //上电操作
    if dInEnaPower==true and dOutRobRdy==false and workingMode（）==4
        if !isPowered（）
            enablePower（）
            if （watch（isPowered（），2）==true）
                dOutRobRdy=true
                autoConnectMove（true）
            else
                dOutRobRdy=false
            endIf
        endIf
    endIf


    //断电操作
    if dInDisPower==true and dOutRobRdy==true and workingMode（）==4
        if isPowered（）
            disablePower（）
            if （watch（isPowered（），2）==false）
            dOutRobRdy=false
            dOutIsPause=false
            dOutMoving=false
            //断电以后，如果原来在工作则应该做复位动作
            if bThereIsMotion==true
                bThereIsMotion=false
                stopMove（）
                gotoxy（0，13）
                put（"No motion                              "）
                if taskStatus（"P2PMoveTask"）>=0
                    taskKill（"P2PMoveTask"）
                endIf
                if taskStatus（"P2PMove2Task"）>=0
                    taskKill（"P2PMove2Task"）
                endIf
                if taskStatus（"BallMoveTask"）>=0
                    taskKill（"BallMoveTask"）
                endIf
                if taskStatus（"BallMove2Task"）>=0
```

图 4.7　I/OCmd 子程序代码

```
            taskKill（"BallMove2Task"）
         endIf
         if taskStatus（"GoHomeTask"）>=0
            taskKill（"GoHomeTask"）
         endIf
         resetMotion（）
      endIf
   else
      dOutRobRdy=true
   endIf
 endIf
endIf


//上位机按了运行按钮
if dInStartCycle==true and dOutRobRdy==true and dOutIsHome==true
   if dOutIsPause==false and nTaskIndex==0
      if dInProductType==false
         //单次点到点运动
         nTaskIndex=1
      else
         //单次钢珠分拣
         nTaskIndex=3
      endIf
   endIf
endIf


//上位机按了回加工原点按钮
if dInResetRob==true and dOutRobRdy==true and dOutIsHome==false
   if dOutIsPause==true or nTaskIndex==0
      nTaskIndex=5
      dOutIsPause=false
   endIf
endIf


//上位机按了暂停按钮
if dInPauseCycle==true and bThereIsMotion==true and dOutIsPause==false
   dOutIsPause=true
   dOutMoving=false
   stopMove（）
   gotoxy（33，13）
   put（"Pause  "）
endIf


//上位机按了继续按钮
if dInRestartCycle==true and bThereIsMotion==true and dOutIsPause==true
   dOutIsPause=false
   dOutMoving=true
   restartMove（）
   gotoxy（33，13）
   put（"Running"）
```

图 4.7　I/OCmd 子程序代码（续）

```
            endIf

            //上位机按了停止按钮
            if dInStopCycle==true and bThereIsMotion==true
               dOutIsPause=false
               dOutMoving=false
               bThereIsMotion=false
               stopMove（）
               gotoxy（0，13）
               put（"No motion                              "）
               if taskStatus（"P2PMoveTask"）>=0
                  taskKill（"P2PMoveTask"）
               endIf
               if taskStatus（"P2PMove2Task"）>=0
                  taskKill（"P2PMove2Task"）
               endIf
               if taskStatus（"BallMoveTask"）>=0
                  taskKill（"BallMoveTask"）
               endIf
               if taskStatus（"BallMove2Task"）>=0
                  taskKill（"BallMove2Task"）
               endIf
               if taskStatus（"GoHomeTask"）>=0
                  taskKill（"GoHomeTask"）
               endIf
               resetMotion（）
            endIf
         endWhile
```

图 4.7　I/OCmd 子程序代码（续）

（7）KeyScan 子程序代码

KeyScan 子程序需要创建一个 num 类型的局部变量 nKeyValue，其代码如图 4.8 所示。和项目三相比，不同之处是运动总任务数量发生改变，相应的功能键安排也做出调整。

```
         while true
            nKeyValue=getKey（）
            if nKeyValue>=271 and nKeyValue<=274
               //按了 F1 或 F2 或 F3 或 F4 键
               if dOutIsPause==false and nTaskIndex==0 and dOutRobRdy==true and dOutIsHome==true
                  nTaskIndex=nKeyValue-270
               endIf
            elseIf nKeyValue==275
               //按了 F5 键
               if （dOutIsPause==true or nTaskIndex==0） and dOutRobRdy==true and dOutIsHome==false
                  nTaskIndex=5
                  dOutIsPause=false
               endIf
            elseIf nKeyValue==276
               if bThereIsMotion==true
                  if dOutIsPause==false
```

图 4.8　KeyScan 子程序代码

```
                dOutIsPause=true
                dOutMoving=false
                stopMove（）
                gotoxy（33，13）
                put（"Pause  "）
            else
                dOutIsPause=false
                dOutMoving=true
                restartMove（）
                gotoxy（33，13）
                put（"Running"）
            endIf
        else
            popUpMsg（"There is no motion"）
        endIf
    elseIf nKeyValue==277
        dOutIsPause=false
        dOutMoving=false
        if bThereIsMotion==true
            bThereIsMotion=false
            stopMove（）
            gotoxy（0，13）
            put（"No motion                    "）
            if taskStatus（"P2PMoveTask"）>=0
                taskKill（"P2PMoveTask"）
            endIf
            if taskStatus（"P2PMove2Task"）>=0
                taskKill（"P2PMove2Task"）
            endIf
            if taskStatus（"BallMoveTask"）>=0
                taskKill（"BallMoveTask"）
            endIf
            if taskStatus（"BallMove2Task"）>=0
                taskKill（"BallMove2Task"）
            endIf
            if taskStatus（"GoHomeTask"）>=0
                taskKill（"GoHomeTask"）
            endIf
            resetMotion（）
        else
            popUpMsg（"There is no motion"）
        endIf
    endIf
    delay（0）
endWhile
```

图 4.8 KeyScan 子程序代码（续）

（8）MotionMNG 子程序代码

MotionMNG 子程序中需要创建一个 num 类型的局部变量 nTemp，其代码如图 4.9 所示，和项目三相比，需要管理的手臂运动任务增加。

```
//Motion management
while true
  //单次点到点运动任务
  nTemp=taskStatus（"P2PMoveTask"）
  //循环点到点运动任务
  nTemp=nTemp+taskStatus（"P2PMove2Task"）
  //单次钢珠分拣任务
  nTemp=nTemp+taskStatus（"BallMoveTask"）
  //循环钢珠分拣任务
  nTemp=nTemp+taskStatus（"BallMove2Task"）
  //回加工原点任务
  nTemp=nTemp+taskStatus（"GoHomeTask"）
  //刷新用户界面显示
  if （nTemp>-5）
  else
    if （bThereIsMotion==true）
      gotoxy（0，13）
      put（"No action                              "）
      bThereIsMotion=false
    endIf
  endIf

  if （bThereIsMotion==false）
    if （nTaskIndex==1）
      taskCreate "P2PMoveTask"，10，P2PMove（）
      gotoxy（0，13）
      put（"P2P move once,                  Running"）
      bThereIsMotion=true
    elseIf （nTaskIndex==2）
      taskCreate "P2PMove2Task"，10，P2PMoveForever（）
      gotoxy（0，13）
      put（"P2P move repeatly,              Running"）
      bThereIsMotion=true
    elseIf （nTaskIndex==3）
      taskCreate "BallMoveTask"，10，BallMove（）
      gotoxy（0，13）
      put（"Balls transfer once,            Running"）
      bThereIsMotion=true
    elseIf （nTaskIndex==4）
      taskCreate "BallMove2Task"，10，BallMoveForever（）
      gotoxy（0，13）
      put（"Balls transfer repeatly,        Running"）
      bThereIsMotion=true
    endIf
  endIf
  if （nTaskIndex==5 and taskStatus（"GoHomeTask"）==-1）
    if （bThereIsMotion==true）
      stopMove（）
      if taskStatus（"P2PMoveTask"）>=0
        taskKill（"P2PMoveTask"）
```

图 4.9　MotionMNG 子程序代码

```
            endIf
            if taskStatus（"P2PMove2Task"）>=0
                taskKill（"P2PMove2Task"）
            endIf
            if taskStatus（"BallMoveTask"）>=0
                taskKill（"BallMoveTask"）
            endIf
            if taskStatus（"BallMove2Task"）>=0
                taskKill（"BallMove2Task"）
            endIf
            resetMotion（）
        endIf
        taskCreate "GoHomeTask"，10，GoHome（）
        gotoxy（0，13）
        put（"Go home,                    Running"）
        bThereIsMotion=true
    endIf
    nTaskIndex=0
    delay（0）
endWhile
```

图 4.9　MotionMNG 子程序代码（续）

（9）P2PMove 子程序代码

P2PMove 子程序和项目三的相同，需要创建一个 point 类型的局部变量 pAppro，其代码如图 3..24 所示。

（10）P2PMoveForever 子程序代码

P2PMoveForever 子程序和项目三的相同，其代码如图 3.25 所示。

（11）BallMove 子程序代码

BallMove 子程序中需要创建两个 num 类型的变量 nXNum、nYNum，以及两个 point 类型的局部变量 pTemp、pTempAppro，其代码如图 4.10 所示。该程序的作用是实现把钢珠托盘右边 4 列的钢珠搬运到左边的 4 列中，然后又把左边 4 列的钢珠搬运到右边的 4 列中。中间的 1 列作为分界线，注意右边的 4 列一开始必须装满钢珠，珠槽的行列间距均为 30mm。

注意：之所以需要示教两个钢珠槽的位置 pBallPickPos1 和 pBallPickPos2，是由于吸盘工具处于一个角度时，不能够遍历到所有的钢珠槽，两个钢珠槽分别对应一个转角。两个钢珠槽的位置为压住钢珠并可以吸住为宜。

```
//本程序实现把钢珠托盘右边 4 列的钢珠搬运到左边的 4 列中，
//然后又重新把左边 4 列的钢珠搬运到右边的 4 列中
dOutIsHome=false
dOutMoving=true
//go home
movej（jHome，flange，mFastSpeed）
//把右边 4 列的钢珠搬运到左边的 4 列中
dOutValve=false
for nXNum=0 to 3
    //测试用
```

图 4.10　BallMove 子程序代码

```
//for nXNum=0 to 1
for nYNum=0 to 8
    //测试用
    //for nYNum=0 to 1
    //pick
    pTemp=
compose（pBallPickPos1，fBallPallet，{nXNum*30，-nYNum*30，0，0，0，0}）
    pTempAppro=appro（pTemp，trZ）
    movej（pTempAppro，flange，mFastSpeed）
    movel（pTemp，flange，mSlowSpeed）
    waitEndMove（）
    dOutValve=true
    delay（0.4）
    movel（pTempAppro，flange，mMiddleSpeed）
    //place
    pTemp=
compose（pBallPickPos2，fBallPallet，{nXNum*30，-nYNum*30，0，0，0，0}）
    pTempAppro=appro（pTemp，trZ）
    movej（pTempAppro，flange，mMiddleSpeed）
    movel（pTemp，flange，mMiddleSpeed）
    waitEndMove（）
    dOutValve=false
    delay（0.5）
    movel（pTempAppro，flange，mFastSpeed）
  endFor
endFor
//把左边4列的钢珠搬运到右边的4列中
for nXNum=0 to 3
    //测试用
    //for nXNum=0 to 1
    for nYNum=0 to 8
        //测试用
        //for nYNum=0 to 1
        //pick
        pTemp=
compose（pBallPickPos2，fBallPallet，{nXNum*30，-nYNum*30，0，0，0，0}）
        pTempAppro=appro（pTemp，trZ）
        movej（pTempAppro，flange，mFastSpeed）
        movel（pTemp，flange，mSlowSpeed）
        waitEndMove（）
        dOutValve=true
        delay（0.4）
        movel（pTempAppro，flange，mMiddleSpeed）
        //place
        pTemp=
compose（pBallPickPos1，fBallPallet，{nXNum*30，-nYNum*30，0，0，0，0}）
        pTempAppro=appro（pTemp，trZ）
        movej（pTempAppro，flange，mMiddleSpeed）
        movel（pTemp，flange，mMiddleSpeed）
        waitEndMove（）
        dOutValve=false
        delay（0.5）
        movel（pTempAppro，flange，mFastSpeed）
      endFor
    endFor
    //go home
call GoHome（）
```

图 4.10   BallMove 子程序代码（续）

本子程序用到了 compose 指令，其格式和功能如图 4.11 所示。

格　　式			
point　　　　　compose	（ point pPosition,	frame fReference,	trsf trTransformation ）
↙	↙	↙	↙
返回值：新的坐标点	点变量，point 类型	参考坐标系	几何变换变量
功　　能			
直线运动。该指令使用 tTool 工具和 mDesc 运动参数来记录一个到 pPosition 点的直线运动的命令。它返回赋予该运动的运动标识符，并给下一个运动命令的标识符增加 1			

图 4.11　compose 指令格式及功能

（12）BallMoveForever 子程序代码

BallMoveForever 子程序的代码如图 4.12 所示，该程序的作用是循环调用手臂点到点的运动，模拟机器人重复执行同一个加工任务。

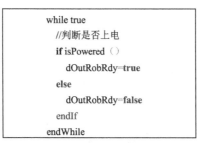

图 4.12　BallMoveForever 子程序代码

（13）Supervisor 子程序代码

Supervisor 子程序的代码如图 4.13 所示，该程序的作用是循环判断手臂是否上电，并更新手臂是否就绪的状态。

```
while true
    //判断是否上电
    if isPowered（ ）
        dOutRobRdy=true
    else
        dOutRobRdy=false
    endIf
endWhile
```

图 4.13　Supervisor 子程序代码

4．程序运行效果

本项目中的机器人程序可以独立地运行，并采用户界面中的 F1～F7 键控制手臂的运动；当然，也可以通过 NetSCADA 的控制界面进行控制，两者的控制方式有细微的差别。

如果控制器工作于远程模式，则程序运行后，手臂会自动上电并运行到加工原点的位置；如果控制器工作于其他的工作模式，则程序运行后，手臂不会自动上电也不会运行到加工原点的位置。

手臂必须位于加工原点，按 F1、F2 键才能启动单次或者反复的点到点运动，按 F3、F4 键才能启动单次或者反复的钢珠分拣操作。

当手臂处于反复的钢珠分拣操作时，其用户界面如图 4.14 所示。

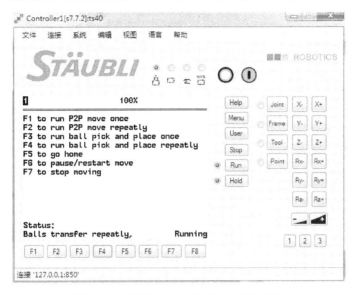

图 4.14　循环钢珠分拣操作时的用户界面

五、PLC 程序的设计 ●●●

1. 建立 PLC 工程文件

建立一个海得 PLC 的工程，这里把工程的名称定义为 EPLCExample4，PLC 的型号和硬件配置和项目相同。

2. 创建变量

按照表 4-1～表 4-5 创建 PLC 程序所需要的变量，所有变量如图 4.15 所示。

变量名	数据类型	变量地址	变量描述
启动	BOOL	X000	
停止	BOOL	X001	
急停	BOOL	X002	
空压机过载	BOOL	X003	
伺服1到位完成	BOOL	X004	
伺服1报警	BOOL	X005	
伺服2到位完成	BOOL	X006	
伺服2报警	BOOL	X007	
空压机压力到达	BOOL	X010	0：压力到；1：压力未到
机器人1光电	BOOL	X011	
机器人2光电	BOOL	X012	
机器人3光电	BOOL	X013	
机器人4光电	BOOL	X014	
机器人4光幕	BOOL	X015	
备用1	BOOL	X016	
备用2	BOOL	X017	

图 4.15　PLC 变量列表

变量名	数据类型	变量地址	变量描述
红灯控制	BOOL	Y000	
绿灯控制	BOOL	Y001	
黄灯控制	BOOL	Y002	
机器人的急停信号	BOOL	Y003	4台机器人的公共急停信号，0：有效，1：无效
伺服2使能	BOOL	Y004	
伺服2运行	BOOL	Y005	
伺服1使能	BOOL	Y006	
伺服1运行	BOOL	Y007	
相机控制1	BOOL	Y010	
相机控制2	BOOL	Y011	
相机控制3	BOOL	Y012	
相机1光源控制	BOOL	Y013	
相机2光源控制	BOOL	Y014	
相机3光源控制	BOOL	Y015	
气泵开关	BOOL	Y017	
机器人1电磁阀1	BOOL	Y020	
机器人1电磁阀2	BOOL	Y021	
机器人1电磁阀3	BOOL	Y022	
机器人1电磁阀4	BOOL	Y023	
机器人2电磁阀1	BOOL	Y024	
机器人2电磁阀2	BOOL	Y025	
机器人2电磁阀3	BOOL	Y026	
机器人2电磁阀4	BOOL	Y027	

变量名	数据类型	变量地址	变量描述
机器人2电磁阀5	BOOL	Y030	
机器人3电磁阀1	BOOL	Y033	
机器人3电磁阀2	BOOL	Y034	
机器人3电磁阀3	BOOL	Y035	
机器人3电磁阀4	BOOL	Y036	
机器人4电磁阀1	BOOL	Y037	

变量名	数据类型	变量地址	变量描述
机器人1电磁阀1控制	BOOL	M520	
机器人1电磁阀2控制	BOOL	M521	
机器人1电磁阀3控制	BOOL	M522	
机器人1电磁阀4控制	BOOL	M523	
机器人1继续	BOOL	M580	
MODBUS_TCP设置标志	BOOL	M716	
手自动控制模式	BOOL	M1039	手自动控制模式（1：自动；0：手动）
红灯控制按钮	BOOL	M2000	
绿灯控制按钮	BOOL	M2001	
黄灯控制按钮	BOOL	M2002	
伺服2使能按钮	BOOL	M2004	
伺服2运行按钮	BOOL	M2005	
伺服1使能按钮	BOOL	M2006	
伺服1运行按钮	BOOL	M2007	
相机1光源控制按钮	BOOL	M2013	
相机2光源控制按钮	BOOL	M2014	
相机3光源控制按钮	BOOL	M2015	
气泵开关按钮	BOOL	M2017	
机器人1电磁阀1按钮	BOOL	M2020	
机器人1电磁阀2按钮	BOOL	M2021	
机器人1电磁阀3按钮	BOOL	M2022	
机器人1电磁阀4按钮	BOOL	M2023	
机器人2电磁阀1按钮	BOOL	M2024	

图 4.15　PLC 变量列表（续）

变量名	数据类型	变量地址	变量描述
机器人2电磁阀2按钮	BOOL	M2025	
机器人2电磁阀3按钮	BOOL	M2026	
机器人2电磁阀4按钮	BOOL	M2027	
机器人2电磁阀5按钮	BOOL	M2030	
机器人3电磁阀1按钮	BOOL	M2033	
机器人3电磁阀2按钮	BOOL	M2034	
机器人3电磁阀3按钮	BOOL	M2035	
机器人3电磁阀4按钮	BOOL	M2036	
机器人1远程上电按钮	BOOL	M2052	
机器人1停止生产按钮	BOOL	M2053	
机器人1回加工原点按钮	BOOL	M2054	原来的程序定义为：机器人1复位按钮
机器人1远程下电按钮	BOOL	M2055	

变量名	数据类型	变量地址	变量描述
机器人程序类别	BOOL	M2072	0：点到点运动；1：钢珠分拣
机器人程序设定	BOOL	M2073	
机器人1暂停按钮	BOOL	M2074	
机器人1数据清零	BOOL	M2080	
机器人1运行按钮	BOOL	M2085	
机器人1手动下数据清零	BOOL	M2089	
机器人1通信断开	BOOL	M2105	这里的作用是使机器人1的通信重新连接
初始化标志	BOOL	M3007	
机器人1有手动控制数据的标志	BOOL	M3030	
急停标志位	BOOL	M3700	
MODBUS_TCP建立联接标志	BOOL	M5030	

变量名	数据类型	变量地址	变量描述
P_ON	BOOL	M8000	RUN时为ON
P_OFF	BOOL	M8001	RUN时为OFF
P_ON_First_Cycle	BOOL	M8002	RUN1周期后为OFF
P_OFF_First_Cycle	BOOL	M8003	RUN1周期后为ON
P_CYC	BOOL	M8011	扫描周期脉冲
P_0_1s	BOOL	M8012	100ms脉冲
P_1s	BOOL	M8013	1s脉冲
P_1min	BOOL	M8014	1min脉冲
MODBUS连接状态	WORD	D3004	0未连接 1在连接，2已连接，3在断开连接
机器人1反馈回来的状态数据	WORD	D3026	
发送给机器人1的控制数据	WORD	D3030	
200ms	WORD	D8000	监视定时器
Tnow	WORD	D8010	当前扫描周期
Tmin	WORD	D8011	最小扫描时间
Tmax	WORD	D8012	最大扫描时间

图 4.15　PLC 变量列表（续）

3．创建程序

本工程需要建立 1 个主程序"Main"、4 个子程序，子程序分别是"初始化（P1）""数字量输入输出（P2）""急停管理（P3）""机器人 1 通信管理（P4）"，Main 主程序可以调用另外 4 个子程序。机器人 1 通信管理（P4）是项目 PLC 程序中的难点。

4．编辑程序

（1）Main 程序

Main 程序和功能与项目三的相同，如图 3.28 所示。

（2）初始化（P1）程序

初始化（P1）程序和功能与项目三的相同，如图 3.29 所示。

（3）数字量输入/输出（P2）程序

数字量输入/输出（P2）程序的功能和代码和项目三的相比，只有机器人 1 的电磁阀控制部分有改变，改变部分的代码如图 4.16 所示。由图 4.16 可见，系统处于手动工作模式时，电磁阀由控制按钮控制，而在自动工作模式时则由机器人 1 反馈回来的外设控制请求控制。

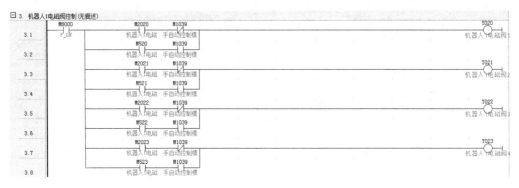

图 4.16　数字量输入/输出（P2）程序

（4）急停管理（P3）程序

急停管理（P3）程序的代码如图 4.17 所示，该程序的功能和项目三的不同之处在于，当停止按钮或者急停按钮生效时，多了对机器人程序设定控制信号的复位操作。

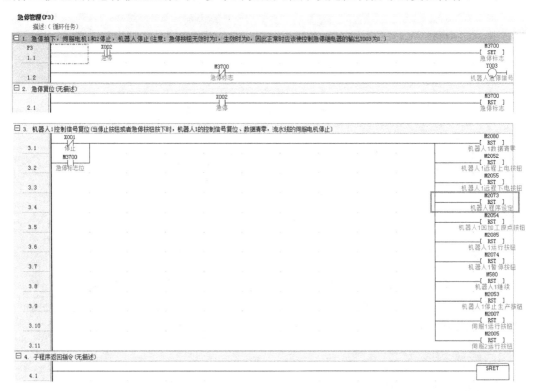

图 4.17　急停管理（P3）程序

（5）机器人 1 通信管理（P4）程序

机器人 1 通信管理（P4）程序的功能和代码和项目三的相比，增加了对机器人 1 程序类别的设置及相应信号处理，有改变的代码如图 4.18 所示，增加的代码已经标注出来，共有 3 处，其他的代码和项目三相同，具体如图 3.32 所示。

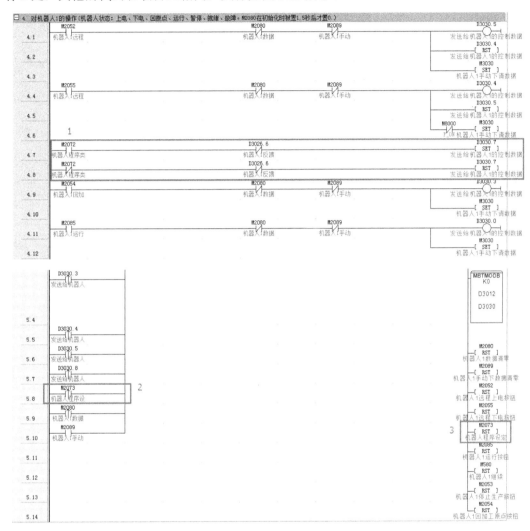

图 4.18　机器人 1 通信管理（P4）程序的变化

六、NetSCADA 程序的设计 ●●●●

1. 建立 NetSCADA 工程文件

建立一个 NetSCADA 工程，这里把工程的名称定义为 NetSCADAExample4。

2. 建立 OPC 驱动并配置数据块

按照项目一的方法，为工程建立一个 OPC 驱动，用于和海得 PLC 通信，数据块的各种数据见表 4-8，其中 M 类型数据有两处变动，配置好的 OPC 数据块如图 4.19 所示。

表 4-8　OPC 变量表

数据区类型	数据范围	数据区类型	数据范围
X	0～15	M	580～587，1000～1200，2000～2117
Y	0～47	D	3000～3200

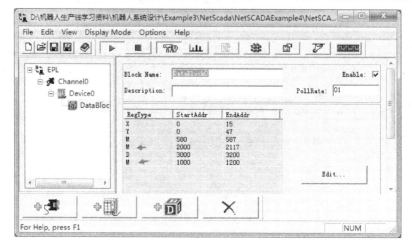

图 4.19　OPC 数据块

3．配置变量

在项目三的基础上，在自定义变量组"机器人 1 手动控制变量"之后再增加 Rob1ProductType、Rob1ProgramSelect、SystemWorkMode 三个变量。该组中的变量如图 4.20 所示，它们全部都是 OPC 变量。

图 4.20　机器人 1 手动控制变量

4．创建数值映射表

本项目所需要的数值映射表需要在项目三的基础上增加程序类别、系统工作模式等两个变量，全部的数值映射变量表见表 4-9。

表 4-9　数值映射变量表

数值映射变量	值	描述
开启或关闭气泵	0	开启气泵
	1	关闭气泵
气泵气压是否到达	0	气泵气压已到达
	1	气泵气压未到达
气泵气压是否过载	0	气泵气压未过载
	1	气泵气压已过载
红灯亮灭	0	亮红灯
	1	灭红灯
绿灯亮灭	0	亮绿灯
	1	灭绿灯
黄灯亮灭	0	亮黄灯
	1	灭黄灯
程序类别	0	程序选择：钢珠分拣
	1	程序选择：点到点运动
系统工作模式	0	改为自动运行模式
	1	改为手动运行模式

5. 编辑用户界面窗口

和项目三一样，本项目中也有两个用户界面窗口，一个是外设监控界面，名称为
"ShouDong"；另一个是机器人手动控制界面，名称为"MainPage"。两个界面都是在项目
三的基础上增加少许组件。

（1）外设监控界面的设计

外设监控界面如图 4.21 所示，它和项目三的界面基本相同，不同的是增加了一个"系
统工作模式"切换按钮 系统工作模式，该按钮的主要属性设置见表 4-10。该按钮的主要作用是
使系统的工作模式在手动和自动之间进行切换。

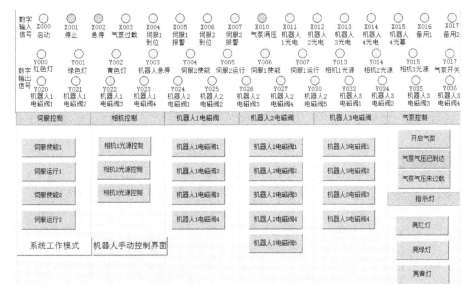

图 4.21　外设监控界面

表 4-10　系统工作模式切换按钮的属性设置

显示表达式	文　本	填　充	事　件
（！Rob1IsMoving）&&（！Rob1IsPause）	文本：系统工作模式 变量表达式：SystemWorkMode 数值映射表：系统工作模式	表达式：SystemWorkMode（范围 0、1） 背景色（黄色）：色调 40，饱和度 240，亮度 180，红 255，绿 255，蓝 128 实体填充色（绿色）：色调 80，饱和度 240，亮度 120，红 0，绿 255，蓝 0	鼠标左键按下，开关赋值：SystemWorkMode

（2）机器人手动控制界面的设计

机器人手动控制界面如图 4.22 所示，该界面在项目三的基础上增加程序类别、系统工作模式、机器人 1 电磁阀 1、开启/关闭气泵、气泵气压是否到达 5 个按钮，其中系统工作模式、机器人 1 电磁阀 1、开启/关闭气泵、气泵气压是否到达 4 个按钮和外设监控界面的相同，程序类别选择按钮的属性见表 4-11 所列。另外，还添加了机器人 1 电磁阀 1 的状态显示，其属性和外设监控界面的相同。

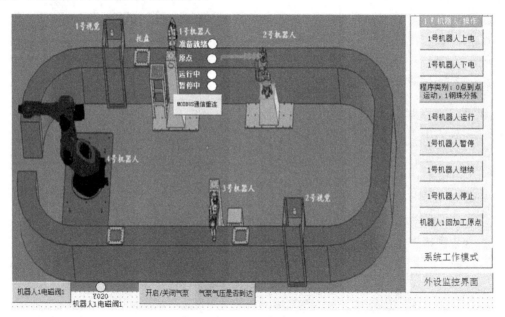

图 4.22　机器人手动控制界面

表 4-11　程序类别选择按钮的属性

显示表达式	文　本	填　充	事　件
Rob1Rdy &&（！Rob1IsMoving）&&（！Rob1IsPause）	程序类别：0 点到点运动，1 钢珠分拣 变量表达式：Rob1ProductType 数值映射表：程序类别	表达式：Rob1ProductType（范围 0、1） 背景色（绿色）：色调 80，饱和度 240，亮度 120，红 0，绿 255，蓝 0 实体填充色（蓝色）：色调 160，饱和度 240，亮度 120，红 0，绿 0，蓝 255	鼠标左键按下，开关赋值：Rob1ProductType 鼠标左键放开，开关赋值：Rob1ProgramSelect

"1 号机器人运行"按钮的显示表达式改为"Rob1Rdy && Rob1IsHome && SystemWorkMode"。

"机器人 1 回加工原点"按钮的显示表达式改为"Rob1Rdy && Rob1IsHome==0 && SystemWorkMode"。

说明：在两个界面中，通过引入"系统工作模式"切换按钮，使系统可以在手动和自动工作模式之间进行切换，手动工作模式时机器人 1 的电磁阀只能由按钮控制，自动工作模式时则由机器人提出控制请求；机器人的运动只能在自动工作模式时进行控制。

6. 设置运行参数

将程序运行时自动打开的窗口设为 MainPage.gpi。

七、练习●●●●

功能要求：

在项目四的基础上，把要控制的 1 号机器人 Ts40 改变为控制 2 号机器人 Tx60。

Tx60 要实现两种加工任务，一个任务是点到点的运动（模拟搬运、码垛、点焊等动作），另一个任务是模拟涂胶，在上位机程序中可以设定机器人的加工任务。

点到点的具体运动有读者自己设计，两个加工点可以用 P1、P2 表示。

模拟涂胶的任务是对如图 4.23 所示的鼠标座进行涂胶，涂胶的轨迹如图 4.24 所示。需要在机器人程序中标定一个工件坐标系 fMouseSeat，所需要的轨迹点有 P1~P4、C1_1、C1_2、C1_3、C2_1、C2_2、C2_3、C3_1、C3_2、C3_3、C4_1、C4_2、C4_3、C5_1（和 P4 重合）、C5_2、C5_3（和 C3_3 重合）、C6_1（和 C3_1 重合）、C6_2 和 C6_3（和 P3 重合），这些点定义在 fMouseSeat 上。

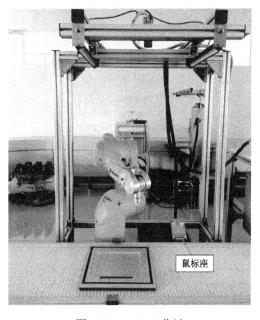

图 4.23　Tx60 工作站

另外，模拟涂胶的工具如图 4.25 所示，其长度为 67mm，需要在机器人应用程序中定义一个工具变量 tPointer。

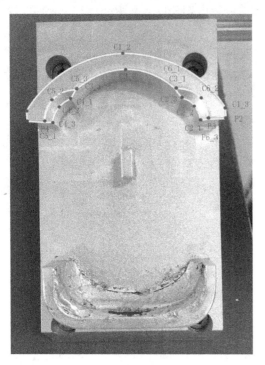

图 4.24　鼠标座涂胶路径规划图

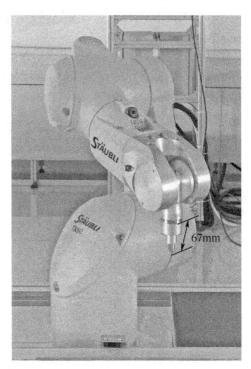

图 4.25　Tx60 末端的涂胶工具

已知条件：

练习所需要的所有信号见表 4-1、表 4-2、表 4-12、表 4-13、表 4-14 和表 4-15 所列。

注：

（1）机器人 2 对应的 IP 地址为 192.168.1.21。

（2）在不考虑需要在同一个 PLC 程序和 NetSCADA 程序中对多台机器人、多台相机进行控制的情况下，除了机器人的 IP 地址、相机的 ID、电磁阀数量引起的变化等，其他的变量定义可以保持不变。这里之所以对大部分变量进行修改，是为了方便编写 PLC 程序和 NetSCADA 程序，对多台机器人、多台相机进行控制。

表 4-12　机器人 2 对外设的控制请求信号分配表

机器人 2 对外设的控制请求	ROBOT	PLC
机器人 2 电磁阀 1 控制	dOutAction[0]（O）	D3064.7、M524
机器人 2 电磁阀 2 控制	dOutAction[1]（O）	D3064.8、M525
机器人 2 电磁阀 3 控制	dOutAction[2]（O）	D3064.9、M526
机器人 2 电磁阀 4 控制	dOutAction[3]（O）	D3064.A、M527
机器人 2 电磁阀 5 控制	dOutAction[4]（O）	D3064.B、M530

表 4-13　机器人 2 的状态变量信号分配表

机器人 2 状态	ROBOT	PLC	NetSCADA
准备就绪	dOutRobRdy（O）	D3064.0	D3064：0
加工原点	dOutIsHome（O）	D3064.1	D3064：1
运行中	dOutIsMoving（O）	D3064.6	D3064：6
暂停中	dOutIsPause（O）	D3064.3	D3064：3

表 4-14　对机器人 2 的手动控制信号分配表

机器人 2 手动控制	ROBOT	PLC	NetSCADA
通信重新连接	无	M2106	M2106
上电	dInEnaPower（I）	M2056、D3068.5	M2056
下电	dInDisPower（I）	M2059、D3068.4	M2059
运行	dInStartCycle（I）	M2086、D3068.0	M2086
暂停	dInPauseCycle（I）	M2075、D3068.2	M2075
继续	dInRestartCycle（I）	M582、D3068.8	M582
停止	dInStopCycle（I）	M2057、D3068.1	M2057
回加工原点	dInResetRob（I）	M2058、D3068.3	M2058
程序类别	dInPorductType（I）	M2072、D3068.7	M2072
程序设定		M2073	M2073
手自动运行模式		M1039	M1039

表 4-15　PLC 其他辅助变量信号分配表

变 量 名	地 址	变 量 名	地 址
机器人 2Modbus_TCP 设置标志	M717	机器人 2Modbus_TCP 建立连接标志	M5040
机器人 2 有手动控制数据的标志	M3031	机器人 2Modbus 连接状态	D3044
机器人 2 数据清零标志	M2081	机器人 2 反馈回来的状态数据	D3064
机器人 2 手动模式下数据清零	M2090	发送给机器人 2 的控制数据	D3068
初始化标志	M3007	缓存 IP 地址	D3040～D3043
急停标志	M3700	缓存 MBTMCON 指令信息	D4～D5
缓存 MBTMPDB 指令信息	D3250～D3253	缓存 MBTMODB 指令信息	D3051～D3053
机器人 2 手动控制数据清零计时器	T35	机器人 2 Modbus_TCP 断开计时器	T41
数据清零计时器	T12		

项目五

机器人视觉定位

一、功能要求

1. 项目功能

本项目在项目三、项目四的基础上增加视觉识别功能，并修改机器人的加工任务。对各种外设的控制和项目三、项目四一样，最大的不同体现在对流水线、相机和机器人的集成上，其功能更加完善。

自动运行的工作过程如下：

（1）相机设置。在上位机的相机设置界面上设置好相机，使其具备定位检测的功能。

（2）空的钢珠托盘放于流水线的传送带上。

（3）在上位机控制界面上切换到自动运行模式，并单击工作站自动运行按钮。

（4）气泵工作。

（5）气泵满压以后传送带运行。

（6）钢珠托盘遮挡机器人1光电，传送带停止。

（7）相机1光源开启。

（8）延时一段时间。

（9）相机1拍照。

（10）相机1获得钢珠托盘的位置信息并传给机器人1。

（11）机器人1进行钢珠分拣工作（使钢珠在固定的托盘和传送带上的托盘之间进行移动）。

由于每次把空的钢珠托盘放在流水线的传送带上时，位置都不一样，因此相机的位置检测功能就显得特别重要。在本项目，相机的使用与编程是重点，也是难点。

2. 项目目标

（1）进一步提升海得PLC、NetSCADA和史陶比尔机器人的编程能力。

（2）掌握相机系统在NetSCADA中的集成与使用方法。

3. 案例重点

（1）流水线、相机和机器人的集成。

（2）相机系统在NetSCADA中的集成与使用方法。

二、所需软件●●●●

（1）NetSCADA 5.0 项目开发器 NetSCADA 5.0-DevProject：用于编辑 NetSCADA 程序。

（2）NetSCADA 5.0 监控现场 NetSCADA 5.0-Field：用于运行 NetSCADA 程序。

（3）Basler pylon：Basler 相机应用软件，主要目的是安装相机的驱动，分为 32 位和 64 位两种版本。例如，Basler pylon SDK x86 3.2.2.3032 为其中一种 32 位版本，Basler_pylon_x64_4.0.0.3389 为其中一种 64 位版本。

（4）EControlPLC2.1：用于编辑海得 PLC 程序。

（5）海得 PLC 以太驱动 EPL：用于建立 NetSCADA 与海得 PLC 之间的 OPC 驱动。

（6）Staubli Robotics Suite（SRS）2013.4.4：史陶比尔机器人离线编程软件。

（7）ftpsurfer107：用于史陶比尔机器人控制器访问 ftp 服务器，实现文件的上传与下载。

三、设备连接关系●●●●

1. 拓扑结构

PC、PLC、ROBOT、相机和其他外设之间的拓扑结构如图 5.1 所示。其中，相机直接通过网线和 PC 机相连，通过 Ethernet IP 协议通信，其他设备的连接关系和项目三、项目四相同。

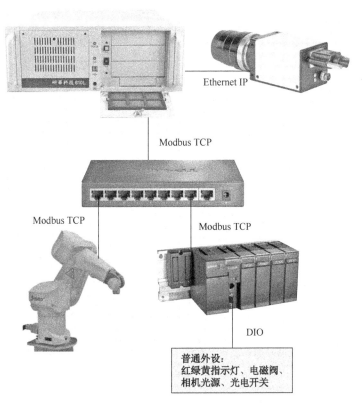

图 5.1　设备拓扑图

2. 控制信号列表

在本系统中，需要监控的普通外设的 I/O 比项目四多了"相机 1 触发信号"，外设 I/O 分配表见表 5-1。

PC 端 NetSCADA 界面上手动控制普通外设按钮的控制信号比项目四多了"相机 1 触发控制按钮"，所有的信号见表 5-2。

机器人 1 对外设的控制请求信号分配表和项目四一致，在此将其重列于表 5-3。

机器人 1 的状态变量信号分配表比项目四多了"加工完成"，所有的信号分配表见表 5-4。

对机器人 1 手动控制信号和项目四相比，减少了"程序类别"控制信号，增加了"机器人工作站自动运行"和"机器人工作站停止运行"两个变量，所有的信号分配表见表 5-5。

表 5-1 外设 I/O 分配表

外　　设	PLC	PC NetSCADA	I/O 类型，以 PLC 为主体
启动按钮	X000	X000	I，高电平有效
停止按钮	X001	X001	I，低电平有效
急停按钮	X002	X002	I，低电平有效
气泵是否过压	X003	X003	I，低电平有效
伺服电机 1 到位信号	X004	X004	I，高电平有效
伺服电机 1 报警信号	X005	X005	I，高电平有效
伺服电机 2 到位信号	X006	X006	I，高电平有效
伺服电机 2 报警信号	X007	X007	I，高电平有效
气泵是否满压	X010	X010	I，高电平有效
输入备用 1	X011	X011	I，高电平有效
输入备用 2	X012	X012	I，高电平有效
机器人 1 光电信号	X013	X013	I，高电平有效
机器人 2 光电信号	X014	X014	I，高电平有效
机器人 3 光电信号	X015	X015	I，高电平有效
机器人 4 光电信号	X016	X016	I，高电平有效
输入备用 3	X017	X017	I，高电平有效
红色指示灯	Y000	Y000	O
绿色指示灯	Y001	Y001	O
黄色指示灯	Y002	Y002	O
机器人 1 急停信号	Y003	Y003	O，低电平有效
机器人 2 急停信号			
机器人 3 急停信号			
流水线伺服电机 2 使能	Y004	Y004	O
流水线伺服电机 2 运行	Y005	Y005	O
流水线伺服电机 1 使能	Y006	Y006	O
流水线伺服电机 1 运行	Y007	Y007	O
相机 1 触发信号	Y010	Y010	O
相机 1 光源控制	Y013	Y013	O
相机 2 光源控制	Y014	Y014	O
相机 3 光源控制	Y015	Y015	O
气泵开关	Y017	Y017	O
机器人 1 电磁阀 1	Y020	Y020	O

续表

外　设	PLC	PC NetSCADA	I/O 类型，以 PLC 为主体
机器人 1 电磁阀 2	Y021	Y006	O
机器人 1 电磁阀 3	Y022	Y007	O
机器人 1 电磁阀 4	Y023	Y023	O
机器人 2 电磁阀 1	Y024	Y024	O
机器人 2 电磁阀 2	Y025	Y025	O
机器人 2 电磁阀 3	Y026	Y026	O
机器人 2 电磁阀 4	Y027	Y027	O
机器人 2 电磁阀 5	Y030	Y030	O
机器人 3 电磁阀 1	Y033	Y033	O
机器人 3 电磁阀 2	Y034	Y034	O
机器人 3 电磁阀 3	Y035	Y035	O

表 5-2　控制按钮信号分配表

外设	PLC	PC NetSCADA	备注
红色指示灯按钮	M2000	M2000	
绿色指示灯按钮	M2001	M2001	
黄色指示灯按钮	M2002	M2002	
流水线伺服电机 2 使能按钮	M2004	M2004	
流水线伺服电机 2 运行按钮	M2005	M2005	
流水线伺服电机 1 使能按钮	M2006	M2006	
流水线伺服电机 1 运行按钮	M2007	M2007	
相机 1 触发控制按钮	M2010	CameraTrigger1	
相机 1 光源控制按钮	M2013	M2013	
相机 2 光源控制按钮	M2014	M2014	
相机 3 光源控制按钮	M2015	M2015	
气泵开关按钮	M2017	M2017	
机器人 1 电磁阀 1 按钮	M2020	M2020	
机器人 1 电磁阀 2 按钮	M2021	M2021	
机器人 1 电磁阀 3 按钮	M2022	M2022	
机器人 1 电磁阀 4 按钮	M2023	M2023	
机器人 2 电磁阀 1 按钮	M2024	M2024	
机器人 2 电磁阀 2 按钮	M2025	M2025	
机器人 2 电磁阀 3 按钮	M2026	M2026	
机器人 2 电磁阀 4 按钮	M2027	M2027	
机器人 2 电磁阀 5 按钮	M2030	M2030	
机器人 3 电磁阀 1 按钮	M2033	M2033	
机器人 3 电磁阀 2 按钮	M2034	M2034	
机器人 3 电磁阀 3 按钮	M2035	M2035	
机器人 3 电磁阀 4 按钮	M2036	M2036	

表 5-3　机器人 1 对外设的控制请求信号分配表

机器人 1 对外设的控制请求	ROBOT	PLC
机器人 1 电磁阀 1 控制	dOutAction[0]（O）	D3026.7、M520
机器人 1 电磁阀 2 控制	dOutAction[1]（O）	D3026.8、M521
机器人 1 电磁阀 3 控制	dOutAction[2]（O）	D3026.9、M522
机器人 1 电磁阀 4 控制	dOutAction[3]（O）	D3026.A、M523

表 5-4　机器人 1 的状态变量信号分配表

机器人 1 状态	ROBOT	PLC	NetSCADA
准备就绪	dOutRobRdy（O）	D3026.0	D3026_0
加工原点	dOutIsHome（O）	D3026.1	D3026_1
运行中	dOutIsMoving（O）	D3026.6	D3026_6
暂停中	dOutIsPause（O）	D3026.3	D3026_3
加工完成	dOutIsFinish（O）	D3026.4	

表 5-5　对机器人 1 的手动控制信号分配表

机器人 1 手动控制	ROBOT	PLC	NetSCADA
通信重连	无	M2105	M2105
上电	dInEnaPower（I）	M2052、D3030.5	M2052
下电	dInDisPower（I）	M2055、D3030.4	M2055
运行	dInStartCycle（I）	M2085、D3030.0	M2085
暂停	dInPauseCycle（I）	M2074、D3030.2	M2074
继续	dInRestartCycle（I）	M580、D3030.8	M580
停止	dInStopCycle（I）	M2053、D3030.1	M2053
回加工原点	dInResetRob（I）	M2054、D3030.3	M2054
系统工作模式		M1039	M1039
机器人工作站自动运行		M3000	M3000
机器人工作站停止运行		M581	M581

由于在本项目中引入了相机系统，因此需要引入设置和控制相机的相关变量，见表 5-6。其中，ViewWidth1、OffsetX1、OffsetY1 和 OffsetA1 等 4 个虚拟变量只存在于 NetSCADA 界面中，其他变量在 NetSCADA 和 PLC 中都需要使用。

表 5-6　相机设置与控制信号分配表

变 量 名	描 述	数 据 类 型	变量类型	地址	NetSCADA	PLC
OkNg1	相机 1 拍照质量	无符号单字	I/O 变量	D7000	√	√
JieShu1	相机拍照完成情况	无符号单字	I/O 变量	D7002	√	√
CenterX1	工件中心在相机系统中的 X 轴坐标	单精度浮点数	I/O 变量	D7022	√	√
CenterY1	工件中心在相机系统中的 Y 轴坐标	单精度浮点数	I/O 变量	D7004	√	√
Angle1	工件中心在相机系统中的绕 Z 轴的偏转角	单精度浮点数	I/O 变量	D7006	√	√

续表

变 量 名	描 述	数据类型	变量类型	地址	NetSCADA	PLC
ViewWidth1	相机需要检测的工件宽度，单位 mm	无符号双字	虚拟变量		√	
OffsetX1	工件中心在相机视场中的 X 轴坐标偏移量	单精度浮点数	虚拟变量		√	
OffsetY1	工件中心在相机视场中的 Y 轴坐标偏移量	单精度浮点数	虚拟变量		√	
OffsetA1	工件中心在相机视场中绕 Z 轴的偏转角	单精度浮点数	虚拟变量		√	
CameraTrigger1	相机触发信号，由 0→1 时相机采集 1 次	布尔	I/O 变量	M2010	√	√

PLC 其他变量信号分配表见表 5-7。

表 5-7 PLC 其他变量信号分配表

变 量 名	地 址	变 量 名	地 址
Modbus_TCP 设置标志	M716	机器人 1 数据清零标志	M2080
机器人 1 手动模式下数据清零	M2089	初始化标志	M3007
机器人 1 有手动控制数据的标志	M3030	相机 1 拍照结果 OK	M3060
相机 1 拍照结果 NOK	M3061	向机器人 1 发送相机 1 采集到的坐标信息的标志	M3106
急停标志	M3700	Modbus_TCP 建立连接标志	M5030
伺服 1 运动	M6000	相机 1 拍照触发	M6001
相机 1 向机器人 1 发送数据	M6011	相机 1 光源自动控制	M6090
自动运行进入第 1 阶段的标志	S0	自动运行进入第 2 阶段的标志	S1
自动运行进入第 3 阶段的标志	S2	自动运行进入第 4 阶段的标志	S3
自动运行进入第 5 阶段的标志	S4	自动运行进入第 6 阶段的标志	S5
缓存 MBTMCON 指令信息	D4～D5	缓存 IP 地址	D3000～D3003
Modbus 连接状态	D3004	缓存 MBTMODB 指令信息	D3012～D3014
机器人 1 反馈回来的状态数据	D3026	发送给机器人 1 的控制数据	D3030
缓存 MBTMPDB 指令信息	D3230～D3233	等待相机 1 光源稳定的计时器	T10
数据清零计时器	T12	机器人 1 自动加工等待计时器	T13
相机 1 的结果处理等待计时器	T15	手动控制数据清零计时器	T34
定时器 T10 超时复位定时器	T37	Modbus_TCP 断开计时器	T40

四、机器人 1——Ts40 的程序设计 ●●●●

按照项目二"五、机器人程序的设计"中介绍的方法建立基于机器人 1——史陶比尔机器人 Ts40 的应用程序 Ts40Example5，并按照以下的步骤编辑 Ts40Example5。

1. 配置 Modbus I/O

本项目的 Modbus I/O 的配置和项目三相同，见表3-7。

2. 配置全局数据

本项目中，机器人1所需要的全局变量和项目四相比减少了 dInProductType 这个变量，但是同时也增加了多个变量，具体见表5-8。

表 5-8　全局变量列表

变　　量	类　型	描　　述	值
fBallPallet	frame	钢珠托盘的工件坐标系	X=−167.61，Y=−145.68，Z=−47.73，Rx=0.17，Ry=−0.35，Rz=−89.92
pBallPickPos1	point	建立在 fBallPallet 坐标系下的坐标变量	X=19.6，Y=271.46，Z=0，Rx=179.65，Ry=0.17，Rz=−49.76 Shoulder=same
pBallPickPos2	point	建立在 fBallPallet 坐标系下的坐标变量	X=138.33，Y=378.76，Z=77.92，Rx=179.65，Ry=0.17，Rz=53.97 Shoulder=free
fDetection	frame	移动钢珠托盘的临时工件坐标系，用于统一相机系统和机器人系统之间的坐标系	X=155.02，Y=169.74，Z=40.91，Rx=0.4，Ry=−0，Rz=−89.88
fPalletCov	frame	移动钢珠托盘的实际工件坐标系，该坐标系通过相机系统实时定位得到	X=313.33，Y=11.97，Z=38.81，Rx=0.4，Ry=−0，Rz=−91.32 说明：这个坐标系的数值不固定，每次工作站自动运行时由相机系统进行检测
pBall[0]	point	建立在 fPalletCov 坐标系下的坐标变量	X=−25.83，Y=−104.31，Z=48.94，Rx=−179.99，Ry=0.4，Rz=56.98 Shoulder=same
pBall[1]	point	建立在 fPalletCov 坐标系下的坐标变量	X=−67.01，Y=18.35，Z=48，Rx=0.01，Ry=179.6，Rz=−54.76 Shoulder=same
pBall[2]	point	建立在 fPalletCov 坐标系下的坐标变量	X=33.52，Y=19.6，Z=47.62，Rx=0.01，Ry=179.6，Rz=6.24 Shoulder=lefty
pBall[3]	point	建立在 fPalletCov 坐标系下的坐标变量	X=158.49，Y=−149.73，Z=48，Rx=−179.99，Ry=0.4，Rz=57.39 Shoulder=same
jHome	joint	建立在 joint 坐标系下的坐标变量，表示加工原点	J1=−76.843，J2=−61.848，J3=128.47，J4=−108.06
mFastSpeed	mdesc	快速速度变量	速度（%）=100，混合=关节
mMiddleSpeed	mdesc	中速速度变量	速度（%）=60，混合=关节
mSlowSpeed	mdesc	慢速速度变量	速度（%）=20，混合=关节
bThereIsMotion	bool	代表机器人1是否有运动任务	false
nTaskIndex	num	代表运动任务的编号，0 表示无，1 表示单次钢珠分拣运动，2 表示循环钢珠分拣运动，3 表示返回加工原点运动	0

变 量	类 型	描 述	值
trCameraData[0]	trsf	坐标偏置变量,用于缓存移动钢珠托盘的中心在相机视场中的偏移量	X=8.11,Y=7.98,Z=0, Rx=0,Ry=0,Rz=-1.44 说明:这个坐标系的数值不固定,每次工作站自动运行时由相机系统进行检测
trCameraData[1]	trsf	坐标偏置变量,移动钢珠托盘的中心在相机视场中的偏移量	X=8.11,Y=7.98,Z=0, Rx=0,Ry=0,Rz=-1.44 说明:这个坐标系的数值不固定,每次工作站自动运行时由相机系统进行检测
trPalletSize	trsf	坐标偏置变量,表示移动钢珠托盘中心点离该托盘工件坐标系原点的偏移量	X=150,Y=150,Z=0, Rx=0,Ry=0,Rz=0
trZ	trsf	坐标偏置变量,在 Z 轴方向上的偏置量	X=0,Y=0,Z=-50, Rx=0,Ry=0,Rz=0
aInOffsetRZ	aio	移动钢珠托盘的中心在相机视场中绕 Z 轴的偏转角	0 说明:这个数值不固定,每次工作站自动运行时由相机系统进行检测
aInOffsetX	aio	移动钢珠托盘的中心在相机视场中在 X 轴方向的偏移量	0 说明:这个数值不固定,每次工作站自动运行时由相机系统进行检测
aInOffsetY	aio	移动钢珠托盘的中心在相机视场中在 Y 轴方向的偏移量	0 说明:这个数值不固定,每次工作站自动运行时由相机系统进行检测
dInDisPower	dio	远程断电	ModbusSrv-0\Modbus-Bit\dInDisPower
dInEnaPower	dio	远程上电	ModbusSrv-0\Modbus-Bit\dInEnaPower
dInPauseCycle	dio	机器人 1 暂停	ModbusSrv-0\Modbus-Bit\dInPauseCycle
dInResetRob	dio	机器人 1 回加工原点	ModbusSrv-0\Modbus-Bit\dInResetRob
dInRestartCycle	dio	机器人 1 继续	ModbusSrv-0\Modbus-Bit\dInRestartCycle
dInStartCycle	dio	机器人 1 运行	ModbusSrv-0\Modbus-Bit\dInStartCycle
dInStopCycle	dio	机器人 1 停止	ModbusSrv-0\Modbus-Bit\dInStopCycle
dOutIsFinish	dio	机器人 1 加工完成	ModbusSrv-0\Modbus-Bit\dOutFinish
dOutIsHome	dio	机器人 1 在加工原点	ModbusSrv-0\Modbus-Bit\dOutIsHome
dOutIsPause	dio	机器人 1 暂停中	ModbusSrv-0\Modbus-Bit\dOutIsPause
dOutMoving	dio	机器人 1 运行中	ModbusSrv-0\Modbus-Bit\dOutMoving
dOutRobRdy	dio	机器人 1 准备就绪	ModbusSrv-0\Modbus-Bit\dOutRobRdy
dOutValve	dio	机器人 1 电磁阀 1	ModbusSrv-0\Modbus-Bit\dOutAction[0]

当所有的全局变量定义完毕以后,变量树形图如图 5.2 所示。

(1)fDetection 坐标系的说明

如图 5.3 所示,当移动的钢珠托盘放在流水线的传送带上,只要求方向定位条靠外,而位置则不需要固定,只要使其位于传送带范围内即可,因此其位置每次都不是固定的,需要采用相机系统进行识别。fDetection 坐标系就是为了统一相机和机器人的坐标系,其标定过程如下:

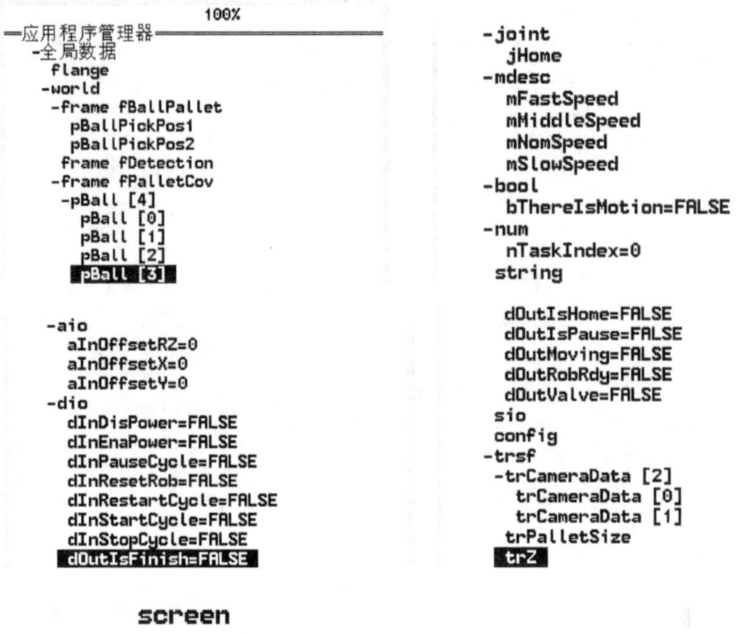

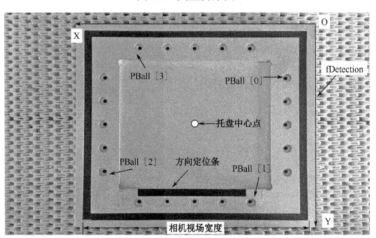

图 5.2　变量树形图

图 5.3　移动钢珠托盘

① 安装标定工具。将如图 5.4 所示的标定工具安装在机器人的法兰上，安装完毕如图 5.5 所示。

图 5.4　标定工具

图 5.5　标定工具安装在法兰上

② 放置钢珠托盘。将移动钢珠托盘放置在机器人前面的流水线上，如图 5.6 所示，托盘应该放置于相机的正下方。

③ 开光源。在 NetSCADA 界面中切换到手动运行模式，然后打开相机 1 光源。

④ 复位修正值。切换到如图 5.7 所示的相机 1 的设置与操作界面，把相机视场、X 值修正、Y 值修正和角度修正分别设为 280、0、0 和 0。此时相机系统相当于没有设置位姿的修正值。

⑤ 获取托盘的位置信息。依次单击"打开相机""定位检测""相机触发" 3 个按钮，获得钢珠托盘在相机视场中的位置信息，如图 5.8 所示，此处的信息为-10.223、-2.033、-0.465，分别对应 X 值、Y 值、角度的偏移值。

图 5.6 移动钢珠托盘在流水线上的标定位置

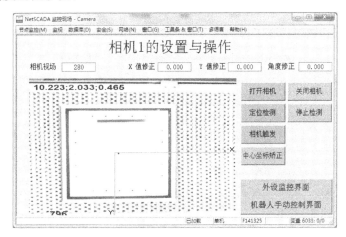

图 5.7 相机的设置与操作界面

⑥ 设置修正值。把钢珠托盘位置信息的相反数填入对应的修正值中，如图 5.8 所示。

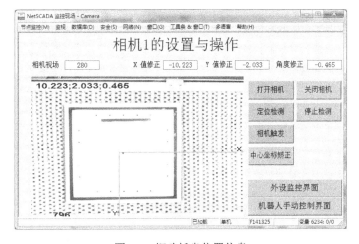

图 5.8 钢珠托盘位置信息

⑦ 关闭相机。依次单击"相机触发""停止检测""关闭相机"3个按钮，如图5.9所示。

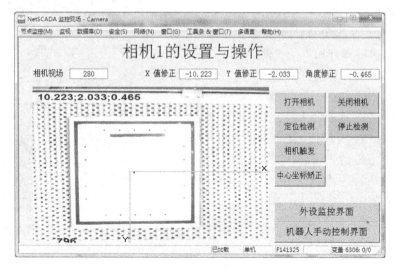

图5.9　关闭相机

⑧ 重新检测。再依次单击"打开相机""定位检测""相机触发"3个按钮，获得钢珠托盘在相机视场中的位置信息。如图5.10所示，理想情况下，X值、Y值、角度这3个值应该全部为0，如果有小的偏差值也属于正常，如在本项目中角度有-0.013的偏差。

⑨ 示教 fDetection。在机器人系统中标定托盘的工件坐标系，这个坐标系就是 fDetection，如图5.3所示。示教时工具选择 flange，坐标系选择 World。

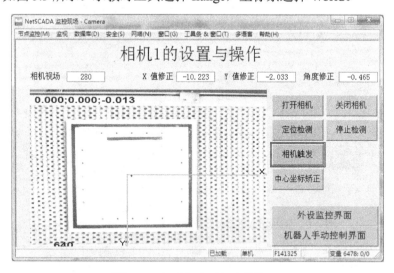

图5.10　钢珠托盘重新定位检测

（2）fPalletCov 坐标系的说明

fPalletCov 表示移动钢珠托盘的实际工件坐标系，该坐标系通过 fDetection 坐标系变换而来，机器人的 receive 子程序负责它们的变换，receive 的代码如图5.11所示。

```
while true
    //获取相机获得的工件中心的坐标信息
    trCameraData[0].x=aioGet（aInOffsetX）
    //Y 坐标的定义相机机器人方向刚好相反
    trCameraData[0].y=0-aioGet（aInOffsetY）
    trCameraData[0].rz=aioGet（aInOffsetRZ）
    //更新传送带上空托盘的坐标信息
    if dOutIsFinish==true or dOutIsHome==true
        trCameraData[1]=trCameraData[0]
        //把相机坐标系转为工件坐标系
        fPalletCov.trsf=fDetection.trsf
        fPalletCov.trsf=fPalletCov.trsf*trPalletSize
        fPalletCov.trsf=fPalletCov.trsf*trCameraData[1]
    endIf
    delay（0）
endWhile
```

图 5.11　receive 的参考程序代码

由代码可知，当机器人位于加工原点或者加工完成时，fPalletCov 的值将由 fDetection 变换得到。

fPalletCov 与 fDetection 之间的关系如图 5.12 所示，fDetection 相当于把原点定在托盘的右上角，而 fPalletCov 则把原点定在托盘中心，fDetection 与 fPalletCov 在 XY 平面上的差值由变量 trPalletSize 表示。

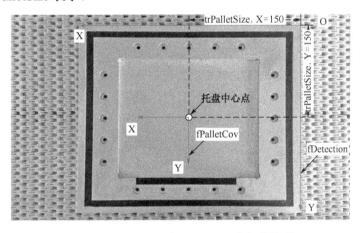

图 5.12　fPalletCov 与 fDetection 之间的关系

另外，当相机系统进行定位检测时，托盘的中心和相机视场的中心很难重合，两者会有一定的偏差，如图 5.13 所示。其偏差值通过三个 aio 变量 aInOffsetX、aInOffsetY 和 aInOffsetRZ 传给机器人系统并保存在 trCameraData[1]变量中。以图 5.13 所示的情况为例，aInOffsetX=8.148，aInOffsetY=-11.803，aInOffsetRZ=-1.070，trCameraData[1]={X=8.148，Y=11.803，Z=0，Rx=0，Ry=0，Rz=-1.070}。

相机每次进行定位检测，trCameraData[1]的值可能都不同，从而 fPalletCov 的值也不同。

（3）pBall[0]～ pBall[3]的标定问题

这 4 个点的位置如图 5.14 所示，它们被定义在 fPalletCov 坐标系下，当 fPalletCov 的值是准确的，对 pBall[0]～ pBall[3]的标定才是有效的。要得到 fPalletCov 准确的值，必须满足以下 4 个条件：

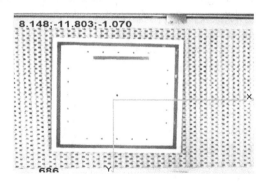

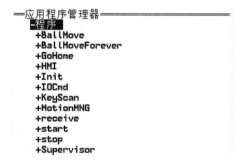

图 5.13　托盘中心与视场中心的偏差　　　　图 5.14　子程序列表

条件 1　准确标定 fDetection。

条件 2　使钢珠托盘处于相机正下方的流水线上。

条件 3　相机对钢珠托盘进行定位检测。

条件 4　机器人的 receive 子程序的坐标系转换代码成功执行。

其中，条件 1 可以独立地进行，条件 2～条件 4 则必须使机器人工作站系统自动运行一次方可达到。

标定 pBall[0]～ pBall[3]的做法是：

利用本书提供的数据对 pBall[0]～ pBall[3]进行初步设置→准确标定 fDetection→系统自动运行→系统运行完毕，钢珠托盘将位于相机正下方的流水线上→fPalletCov 得到准确的值。如果此时发现 pBall[0]～ pBall[3]的值不准确，可以对它们进行重新示教并标定。

尽管移动的钢珠托盘每次放置在流水线的位置都不同，由于相机系统可以自动识别托盘位置的变化，因此 pBall[0]～ pBall[3]不需要每次都重新标定，它们只需要标定一次即可。当然，如果发现它们的位置不够准确，可以对它们重新进行标定。

标定 pBall[0]～ pBall[3]时，需要注意以下几点：

① 必须把倒 L 形的吸取工具安装在法兰上。由于该工具的螺丝固定孔比螺丝稍大，存在一定的虚位，因此每次安装时会导致末端吸盘位置的变动，可以根据实际情况仔细地调整到最合适的位置。

② 由于 L 形的吸取工具是偏心的，因此在示教 pBall[0]～ pBall[3]时，机器人第四轴转动的角度可能不同。

③ 由于 pBall[0]～ pBall[3]各自对应着 4 组钢珠槽的第一个位置，而每组的另外 4 个位置则在程序中自动计算出，因此在标定某个位置后，需要手动移动机器人，确保吸取工具可以遍历本组另外 4 个钢珠槽的位置。如果不能遍历，则应该转动吸取工具进行重新标定。

3. 编辑程序

（1）创建子程序

如图 5.14 所示，在默认程序 start、stop 的基础上增加 BallMove、BallMoveForever、GoHome、HMI、Init、I/OCmd、KeyScan、MotionMNG、receive、Supervisor 等 10 个子程序。

（2）start 子程序代码

start 子程序代码和项目四相同，如图 3.14 所示。

（3）HMI 子程序代码

HMI 子程序代码如图 5.15 所示，和项目四相比，输出的信息行数发生变化，另外，功能键的安排也发生变化。

```
//使示教器切换到用户窗口
userPage（）
//清空用户窗口
cls（）
//使光标定位到第 0 行第 0 列
gotoxy（0，0）
putln（"F1 to run ball pick and place once"）
//使光标定位到第 1 行第 0 列
gotoxy（0，1）
putln（"F2 to run ball pick and place repeatly"）
gotoxy（0，2）
putln（"F3 to go home"）
gotoxy（0，3）
putln（"F4 to pause/restart move"）
gotoxy（0，4）
putln（"F5 to stop moving"）
gotoxy（0，12）
putln（"Status: "）
gotoxy（0，13）
put（"No action"）
```

图 5.15　HMI 子程序代码

（4）Init 子程序代码

Iint 子程序代码如图 5.16 所示，和项目四相比，只多了一条对表征加工是否完成的变量初始化的语句 dOutIsFinish=**false**。

```
//复位输出变量
//if ready
dOutRobRdy=false
//At start position
dOutIsHome=false
//robot is moving
dOutMoving=false
//In pause
dOutIsPause=false
//work is finish
dOutIsFinish=false
//Valves control
dOutValve=false

//复位中间变量
bThereIsMotion=false
nTaskIndex=0
```

图 5.16　Iint 子程序代码

```
            //上电管理
            if watch（isPowered（），2）==true
               //robot power is on
               dOutRobRdy=true
            else
               //robot power is off
               if workingMode（）==4
                  enablePower（）
                  if watch（isPowered（），2）==true
                     dOutRobRdy=true
                  endIf
               endIf
            endIf

            //如果机器人已经处于就绪状态则使手臂运行到加工原点
            if dOutRobRdy==true and taskStatus（"GoHomeTask"）==-1
               taskCreate "GoHomeTask"，10，GoHome（）
               wait（taskStatus（"GoHomeTask"）==1）
         endIf
```

图 5.16　Iint 子程序代码（续）

（5）GoHome 子程序代码

GoHome 子程序代码如图 5.17 所示，和项目四相比，多了一些保证设备安全的代码。因为固定的钢珠托盘和流水线的高度不一致，为了保证机器人在回归加工原点的时候，先进行终端高度的判断，假如太低则先升高终端。

```
            dOutIsHome=false
            dOutMoving=true
            l_pHere=here（flange，fPalletCov）
            //若机器人 3 轴低于安全平面，则先抬高机器人 3 轴，
            //软件仿真时在此处用 movel 会出错，实际上机操作则正常，为避
         免这种问题，此处用 movej
            if l_pHere.trsf.z<60
               l_pHere.trsf.z=60
               movej（l_pHere，flange，mSlowSpeed）
               waitEndMove（）
            endIf

            movej（jHome，flange，mSlowSpeed）
            waitEndMove（）
            dOutMoving=false
            dOutIsHome=true
```

图 5.17　GoHome 子程序代码

（6）I/OCmd 子程序代码

I/OCmd 子程序代码如图 5.18 所示，和项目三的代码类似，只是有些任务名和对应的处理函数有所改变。

```
        while true
            //上位机发给机器人的命令可能会被重复处理,因此必须做防重
复的操作
            //上电操作
            if dInEnaPower==true and dOutRobRdy==false and workingMode
()==4
                if !isPowered()
                    enablePower()
                    if (watch(isPowered(),2)==true)
                        dOutRobRdy=true
                        autoConnectMove(true)
                    else
                        dOutRobRdy=false
                    endIf
                endIf
            endIf


            //断电操作
            if dInDisPower==true and dOutRobRdy==true and workingMode
()==4
                if isPowered()
                    disablePower()
                    if (watch(isPowered(),2)==false)
                    dOutRobRdy=false
                    dOutIsPause=false
                    dOutMoving=false
                    //断电以后如果原来在工作则应该做复位动作
                    if bThereIsMotion==true
                        bThereIsMotion=false
                        stopMove()
                        gotoxy(0,13)
                        put("No motion                        ")
                        if taskStatus("BallMoveTask")>=0
                            taskKill("BallMoveTask")
                        endIf
                        if taskStatus("BallMove2Task")>=0
                            taskKill("BallMove2Task")
                        endIf
                        if taskStatus("GoHomeTask")>=0
                            taskKill("GoHomeTask")
                        endIf
                        resetMotion()
                    endIf
                else
                    dOutRobRdy=true
                endIf
            endIf
        endIf


            //上位机按了运行按钮
```

图 5.18 I/OCmd 子程序代码

```
        if    dInStartCycle==true    and    dOutRobRdy==true    and
dOutIsHome==true
            if dOutIsPause==false and nTaskIndex==0
                nTaskIndex=1
            endIf
        endIf

        //上位机按了回加工原点按钮
        if    dInResetRob==true    and    dOutRobRdy==true    and
dOutIsHome==false
            if dOutIsPause==true or nTaskIndex==0
                nTaskIndex=3
                dOutIsPause=false
            endIf
        endIf

        //上位机按了暂停按钮
        if    dInPauseCycle==true    and    bThereIsMotion==true    and
dOutIsPause==false
            dOutIsPause=true
            dOutMoving=false
            stopMove（）
            gotoxy（33，13）
            put（"Pause    "）
        endIf

        //上位机按了继续按钮
        if    dInRestartCycle==true    and    bThereIsMotion==true    and
dOutIsPause==true
            dOutIsPause=false
            dOutMoving=true
            restartMove（）
            gotoxy（33，13）
            put（"Running"）
        endIf

        //上位机按了停止按钮
        if dInStopCycle==true and bThereIsMotion==true
            dOutIsPause=false
            dOutMoving=false
            dOutValve=false
            bThereIsMotion=false
            stopMove（）
            gotoxy（0，13）
            put（"No motion                        "）
            if taskStatus（"BallMoveTask"）>=0
                taskKill（"BallMoveTask"）
            endIf
            if taskStatus（"BallMove2Task"）>=0
                taskKill（"BallMove2Task"）
```

图 5.18   I/OCmd 子程序代码（续）

```
        endIf
        if taskStatus（"GoHomeTask"）>=0
            taskKill（"GoHomeTask"）
        endIf
        resetMotion（）
    endIf
endWhile
```

图 5.18   I/OCmd 子程序代码（续）

（7）KeyScan 子程序代码

KeyScan 子程序需要创建一个 num 类型的局部变量 nKeyValue，其代码如图 5.19 所示，和项目三类似，只是有些任务名和对应的处理函数有所改变。

```
        while true
            nKeyValue=getKey（）
            if nKeyValue>=271 and nKeyValue<=272
                //按了 F1 或 F2 键
                if    dOutIsPause==false    and    nTaskIndex==0    and
dOutRobRdy==true and dOutIsHome==true
                    nTaskIndex=nKeyValue-270
                endIf
            elseIf nKeyValue==273
                //按了 F3 键
                if  （  dOutIsPause==true    or    nTaskIndex==0  ）    and
dOutRobRdy==true and dOutIsHome==false
                    nTaskIndex=3
                    dOutIsPause=false
                endIf
            elseIf nKeyValue==274
                if bThereIsMotion==true
                    if dOutIsPause==false
                        dOutIsPause=true
                        dOutMoving=false
                        stopMove（）
                        gotoxy（33，13）
                        put（"Pause    "）
                    else
                        dOutIsPause=false
                        dOutMoving=true
                        restartMove（）
                        gotoxy（33，13）
                        put（"Running"）
                    endIf
                else
                    popUpMsg（"There is no motion"）
                endIf
            elseIf nKeyValue==275
                dOutIsPause=false
                dOutMoving=false
```

图 5.19   KeyScan 子程序代码

```
            if bThereIsMotion==true
                bThereIsMotion=false
                stopMove（）
                gotoxy（0，13）
                put（"No motion                              "）
                if taskStatus（"BallMoveTask"）>=0
                    taskKill（"BallMoveTask"）
                endIf
                if taskStatus（"BallMove2Task"）>=0
                    taskKill（"BallMove2Task"）
                endIf
                if taskStatus（"GoHomeTask"）>=0
                    taskKill（"GoHomeTask"）
                endIf
                resetMotion（）
            else
                popUpMsg（"There is no motion"）
            endIf
        endIf
        delay（0）
endWhile
```

图 5.19　KeyScan 子程序代码（续）

（8）MotionMNG 子程序代码

MotionMNG 子程序需要创建一个 num 类型的局部变量 nTemp，其代码如图 5.20 所示，和项目三类似，只是有些任务名和对应的处理函数有所改变。

```
        //Motion management
        while true
            nTemp=taskStatus（"BallMoveTask"）
            nTemp=nTemp+taskStatus（"BallMove2Task"）
            nTemp=nTemp+taskStatus（"GoHomeTask"）
            //刷新用户界面显示
            if（nTemp>-3）
            else
                if（bThereIsMotion==true）
                    gotoxy（0，13）
                    put（"No action                          "）
                    bThereIsMotion=false
                endIf
            endIf

            if（bThereIsMotion==false）
                if（nTaskIndex==1）
                    taskCreate "BallMoveTask"，10，BallMove（）
                    gotoxy（0，13）
                    put（"Balls transfer once，             Running"）
                    bThereIsMotion=true
                elseIf（nTaskIndex==2）
```

图 5.20　MotionMNG 子程序代码

```
          taskCreate "BallMove2Task"，10，BallMoveForever（）
          gotoxy（0，13）
          put（"Balls transfer repeatly，          Running"）
          bThereIsMotion=true
        endIf
      endIf
    if （nTaskIndex==3 and taskStatus（"GoHomeTask"）==-1）
      if （bThereIsMotion==true）
        stopMove（）
        if taskStatus（"BallMoveTask"）>=0
          taskKill（"BallMoveTask"）
        endIf
        if taskStatus（"BallMove2Task"）>=0
          taskKill（"BallMove2Task"）
        endIf
        resetMotion（）
      endIf
      taskCreate "GoHomeTask"，10，GoHome（）
      gotoxy（0，13）
      put（"Go home，                Running"）
      bThereIsMotion=true
    endIf
    nTaskIndex=0
    delay（0）
  endWhile
```

图 5.20　MotionMNG 子程序代码（续）

（9）BallMove 子程序代码

BallMove 子程序需要创建两个 num 类型的变量 nXNum、nYNum，以及两个 point 类型的局部变量 pTemp、pTempAppro，其代码如图 5.21 所示。该程序的作用是实现使钢珠在固定的钢珠托盘和移动的钢珠托盘之间移动，实现钢珠的分拣任务。

```
    dOutIsHome=false
    dOutMoving=true
    dOutIsFinish=false
    //go home
    movej（jHome，flange，mFastSpeed）
    //从固定的钢珠盘分拣钢珠到流水线上的托盘
    dOutValve=false
    for nXNum=0 to 3
      //for nXNum=0 to 1
      for nYNum=0 to 4
        //for nYNum=0 to 1
        //pick
        pTemp=compose（pBallPickPos1，fBallPallet，{nXNum*30，
-nYNum*30，0，0，0，0}）
        //近似法，当想运行到 Z 轴的上方时，trZ 的 Z 分量为负
        pTempAppro=appro（pTemp，trZ）
        //上句和下句效果一致
```

图 5.21　BallMove 子程序代码

```
                //pTempAppro=compose（pTemp, fBallPallet, {0, 0, 50, 0,
0, 0}）
                movej（pTempAppro, flange, mFastSpeed）
                //在钢珠的上方提前开启气泵，和手爪完全到位以后才开启相
比，具有两大优势：一减去等待气压稳定的时间；二增加抓取的成功率
                dOutValve=true
                movel（pTemp, flange, mSlowSpeed）
                waitEndMove（）
                //dOutValve=true
                //delay（0.5）
                movel（pTempAppro, flange, mMiddleSpeed）
                //place
                if nXNum==0
                    pTemp=compose（pBall[0], fPalletCov, {0, nYNum*35, 1,
0, 0, 0}）
                elseIf nXNum==1
                    pTemp=compose（pBall[1], fPalletCov, {nYNum*35, 0, 1,
0, 0, 0}）
                elseIf nXNum==2
                    pTemp=compose（pBall[2], fPalletCov, {0, -nYNum*35, 1,
0, 0, 0}）
                elseIf nXNum==3
                    pTemp=compose（pBall[3], fPalletCov, {-nYNum*35, 0, 1,
0, 0, 0}）
                endIf
                pTempAppro=appro（pTemp, trZ）
                movej（pTempAppro, flange, mMiddleSpeed）
                movel（pTemp, flange, mMiddleSpeed）
                waitEndMove（）
                dOutValve=false
                //delay（0.3）
                //气阀虽然关闭，钢珠仍然可能黏住
                //为了解决这个问题，可以让手爪转过一定的角度，起到拨动
的效果
                //这样还可以省去气阀关闭后的延时等待
                pTemp=compose（pTemp, fPalletCov, {0, 0, 0, 0, 0, 1}）
                movej（pTemp, flange, mMiddleSpeed）
                waitEndMove（）
                movej（pTempAppro, flange, mFastSpeed）
            endFor
        endFor

        //go home
        movej（jHome, flange, mSlowSpeed）
        waitEndMove（）
        delay（1）

        //从流水线上的托盘分拣钢珠到固定的钢珠盘
        for nXNum=0 to 3
```

图 5.21　BallMove 子程序代码（续）

```
        //for nXNum=0 to 1
        for nYNum=0 to 4
            //for nYNum=0 to 1
            //pick
            if nXNum==0
                pTemp=compose（pBall[0], fPalletCov, {0, nYNum*35, 0,
0, 0, 0}）
            elseIf nXNum==1
                pTemp=compose（pBall[1], fPalletCov, {nYNum*35, 0, 0,
0, 0, 0}）
            elseIf nXNum==2
                pTemp=compose（pBall[2], fPalletCov, {0, -nYNum*35, 0,
0, 0, 0}）
            elseIf nXNum==3
                pTemp=compose（pBall[3], fPalletCov, {-nYNum*35, 0, 0,
0, 0, 0}）
            endIf
            pTempAppro=appro（pTemp，trZ）
            movej（pTempAppro, flange, mFastSpeed）
            //在钢珠的上方提前开启气阀，和手爪完全到位以后才开启相
比，具有两大优势：一减去等待气压稳定的时间；二增加抓取的成功率
            dOutValve=true
            movel（pTemp, flange, mSlowSpeed）
            waitEndMove（）
            //dOutValve=true
            //delay（0.5）
            movel（pTempAppro, flange, mMiddleSpeed）
            //place
            pTemp=compose（pBallPickPos1, fBallPallet, {nXNum*30,
-nYNum*30, 1, 0, 0, 0}）
            pTempAppro=appro（pTemp，trZ）
            movej（pTempAppro, flange, mMiddleSpeed）
            movel（pTemp, flange, mMiddleSpeed）
            waitEndMove（）
            dOutValve=false
            //delay（0.3）
            //气阀虽然关闭，钢珠仍然可能黏住
            //为了解决这个问题，可以让手爪转过一定的角度，起到拨动
的效果
            //这样还可以省去气阀关闭后的延时等待
            pTemp=compose（pTemp, fPalletCov, {0, 0, 0, 0, 0, 1}）
            movej（pTemp, flange, mMiddleSpeed）
            waitEndMove（）
            movej（pTempAppro, flange, mFastSpeed）
        endFor
    endFor

    //go home
    call GoHome（）
dOutIsFinish=true
```

图 5.21　BallMove 子程序代码（续）

　　如图 5.22 所示，移动的钢珠托盘上具有 4 组钢珠槽，程序利用钢珠吸取工具先从固定的钢珠托盘上吸取钢珠放到移动的钢珠托盘的钢珠槽上，放满后又重新把这些钢珠从移动的钢珠托盘取回到固定的钢珠托盘中。移动的钢珠托盘按照顺时针的方向取放钢珠，以第 1 组为例，钢珠吸取工具从固定托盘第 1 组的最外面吸取第一个钢珠放到移动托盘第 1 组最里面的钢珠槽中，然后依次取放第二、三、四个钢珠，最后从固定托盘第 1 组的最里面吸取第五个钢珠放到移动托盘第 1 组最外面的钢珠槽中。

　　该程序在运行时需要注意以下几个方面的内容：

　　① 正常运行时，固定托盘右边 4 列前 5 个钢珠槽一开始应该装满钢珠。在测试时，可以不放钢珠，让吸取工具空取以便验证位置是否准确。

　　② 固定托盘钢珠槽的行列间距均为 30mm，移动托盘每组钢珠槽的间距为 35mm。

　　③ 吸盘气阀的开启问题。由于气阀打开后需要一定的时间才能使负压稳定，为了提升抓取的效率，可以在钢珠的上方提前开启气阀，不要等到完全到位以后才开启，这样可以减去等待气压稳定的时间。

　　④ 需要放下钢珠时，气阀虽然关闭，钢珠仍然可能黏住。为了解决这个问题，可以让手爪转过一定的角度，起到拨动的效果，这样可以省去气阀关闭后的延时等待时间。

　　⑤ 由于吸取工具是偏心的，因此在取放钢珠的过程中，机器人第四轴会经常转动，对于 point 类型的点，第四轴转动 90°和-270°具有一样的效果。因此在多次转动以后可能使第四轴连续转了几圈，使穿过轴筒的气管产生绞绕的现象。为了避免这种现象，应该注意第四轴的复位问题。程序中间的回加工原点的语句 movej（jHome，flange，mSlowSpeed）就具有这种功能，和 point 类型不同，joint 类型的点能够保证机器人到达该位置时，各个关节轴的转角是固定的。

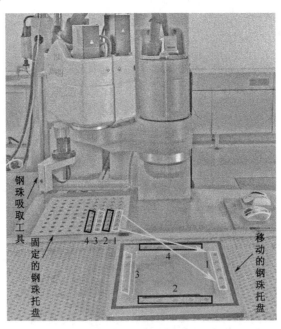

图 5.22　钢珠分拣示意图

（10）BallMoveForever 子程序代码

BallMoveForever 子程序的代码和项目四相同，如图 4.12 所示。

（11）Supervisor 子程序代码

Supervisor 子程序的代码和项目四相同，如图 4.13 所示。

（12）receive 子程序代码

receive 子程序的代码已经在前面提及，如图 5.11 所示，它的主要作用就是利用相机检测到的数据更新移动钢珠托盘的工件坐标系 fPalletCov。

4．程序运行效果

本机器人程序可以独立地运行，当控制器的工作模式设为远程模式，运行后其界面如图 5.23 所示。可以采用用户界面中的 F1～F5 键控制手臂的运动，也可以通过 NetSCADA 的控制界面进行控制，两者的控制方式有细微的差别。

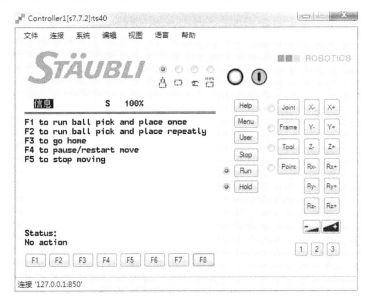

图 5.23　循环钢珠分拣操作时的用户界面

如果控制器工作于远程模式，则程序运行后，手臂会自动上电并运行到加工原点的位置；如果控制器工作于其他的工作模式，则程序运行后，手臂不会自动上电，也不会运行到加工原点的位置。

手臂必须位于加工原点，按 F1、F2 键才能启动单次或者反复的钢珠分拣运动，用户界面的快捷键无法使相机系统工作，只有通过 NetSCADA 控制界面的自动运行按钮才能调用相机系统。因此，通过快捷键虽然可以使机器人运动，但不能保证 fPalletCov 坐标系具有正确的值，除非前面已经自动运行过。

五、PLC 程序的设计 ●●●

1．建立 PLC 工程文件

建立一个海得 PLC 的工程，这里把工程的名称定义为 EPLCExample5，PLC 的型号和硬件配置和项目三相同。

2．创建变量

按照表 5-1～5-6 创建 PLC 程序所需要的变量，所有变量如图 5.24 所示。

变量名	数据类型	变量地址	变量描述
启动	BOOL	X000	
停止	BOOL	X001	
急停	BOOL	X002	
空压机过载	BOOL	X003	
伺服1到位完成	BOOL	X004	
伺服1报警	BOOL	X005	
伺服2到位完成	BOOL	X006	
伺服2报警	BOOL	X007	
空压机压力到达	BOOL	X010	0：满压，1：未满
机器人1光电	BOOL	X011	
机器人2光电	BOOL	X012	
机器人3光电	BOOL	X013	
机器人4光电	BOOL	X014	
机器人4光幕	BOOL	X015	
备用1	BOOL	X016	
备用2	BOOL	X017	
红灯控制	BOOL	Y000	
绿灯控制	BOOL	Y001	
黄灯控制	BOOL	Y002	
机器人急停信号	BOOL	Y003	4台机器人的公共急停信号，0：有效，1：无效
伺服2使能	BOOL	Y004	
伺服2运行	BOOL	Y005	

变量名	数据类型	变量地址	变量描述
伺服1使能	BOOL	Y006	
伺服1运行	BOOL	Y007	
相机1触发	BOOL	Y010	
相机1光源控制	BOOL	Y013	
相机2光源控制	BOOL	Y014	
相机3光源控制	BOOL	Y015	
气泵开关	BOOL	Y017	
机器人1电磁阀1	BOOL	Y020	
机器人1电磁阀2	BOOL	Y021	
机器人1电磁阀3	BOOL	Y022	
机器人1电磁阀4	BOOL	Y023	
机器人2电磁阀1	BOOL	Y024	
机器人2电磁阀2	BOOL	Y025	
机器人2电磁阀3	BOOL	Y026	
机器人2电磁阀4	BOOL	Y027	
机器人2电磁阀5	BOOL	Y030	
机器人3电磁阀1	BOOL	Y033	
机器人3电磁阀2	BOOL	Y034	
机器人3电磁阀3	BOOL	Y035	
机器人3电磁阀4	BOOL	Y036	
机器人4电磁阀1	BOOL	Y037	
机器人1电磁阀1控制	BOOL	M520	
机器人1电磁阀2控制	BOOL	M521	

图 5.24　PLC 变量列表

变量名	数据类型	变量地址	变量描述
机器人1电磁阀3控制	BOOL	M522	
机器人1电磁阀4控制	BOOL	M523	
机器人1继续	BOOL	M580	
工作站停止运行	BOOL	M581	使整个系统停止运行，包括流水线、气泵、气阀、机器人
MODBUS_TCP设置标志	BOOL	M716	
手自动控制模式	BOOL	M1039	手自动控制模式(1：自动；0：手动)
红灯控制按钮	BOOL	M2000	
绿灯控制按钮	BOOL	M2001	
黄灯控制按钮	BOOL	M2002	
伺服2使能按钮	BOOL	M2004	
伺服2运行按钮	BOOL	M2005	
伺服1使能按钮	BOOL	M2006	
伺服1运行按钮	BOOL	M2007	
相机1触发控制按钮	BOOL	M2010	
相机控制2按钮	BOOL	M2011	
相机控制3按钮	BOOL	M2012	
相机1光源控制按钮	BOOL	M2013	
相机2光源控制按钮	BOOL	M2014	
相机3光源控制按钮	BOOL	M2015	
气泵开关按钮	BOOL	M2017	
机器人1电磁阀1按钮	BOOL	M2020	
机器人1电磁阀2按钮	BOOL	M2021	
机器人1电磁阀3按钮	BOOL	M2022	

变量名	数据类型	变量地址	变量描述
机器人1电磁阀4按钮	BOOL	M2023	
机器人2电磁阀1按钮	BOOL	M2024	
机器人2电磁阀2按钮	BOOL	M2025	
机器人2电磁阀3按钮	BOOL	M2026	
机器人2电磁阀4按钮	BOOL	M2027	
机器人2电磁阀5按钮	BOOL	M2030	
机器人3电磁阀1按钮	BOOL	M2033	
机器人3电磁阀2按钮	BOOL	M2034	
机器人3电磁阀3按钮	BOOL	M2035	
机器人3电磁阀4按钮	BOOL	M2036	
机器人1远程上电按钮	BOOL	M2052	
机器人1停止生产按钮	BOOL	M2053	
机器人1回加工原点按钮	BOOL	M2054	原来的程序定义为：机器人1复位按钮
机器人1远程上下电按钮	BOOL	M2055	
机器人1暂停按钮	BOOL	M2074	
机器人1数据清零	BOOL	M2080	
机器人1运行按钮	BOOL	M2085	
机器人手动数据清零	BOOL	M2089	
机器人1通信断开	BOOL	M2105	这里的作用是使机器人1的通信重新连接
自动运行按钮	BOOL	M3000	
初始化标志	BOOL	M3007	
机器人1手动下清数据	BOOL	M3030	
相机1拍照结果OK	BOOL	M3060	

图 5.24　PLC 变量列表（续）

变量名	数据类型	变量地址	变量描述
相机1拍照结果NOK	BOOL	M3061	
向机器人1写数据的标志	BOOL	M3106	
急停标志位	BOOL	M3700	
创建标示0位1	BOOL	M5030	
伺服1运动	BOOL	M6000	
相机1拍照触发	BOOL	M6001	
相机1向机器人1发送数据	BOOL	M6011	
相机1光源控制自动	BOOL	M6090	
P_ON	BOOL	M8000	RUN时为ON
P_OFF	BOOL	M8001	RUN时为OFF
P_ON_First_Cycle	BOOL	M8002	RUN1周期后为OFF
P_OFF_First_Cycle	BOOL	M8003	RUN1周期后为ON
P_CYC	BOOL	M8011	扫描周期脉冲
P_0_1s	BOOL	M8012	100ms脉冲
P_1s	BOOL	M8013	1s脉冲
P_1min	BOOL	M8014	1min脉冲
创建标示0	WORD	D3004	
机器人1状态寄存器数据存入	WORD	D3026	
机器人1多个状态寄存器数据存入	WORD	D3030	
相机1拍照质量	WORD	D7000	0:合格;1:不合格
相机1拍照完成信号	WORD	D7002	完成写1,PLC收到后清零
相机1坐标系中心Y坐标	WORD	D7004	
相机1坐标系角度	WORD	D7006	
相机1坐标系中心X坐标	WORD	D7022	
200ms	WORD	D8000	监视定时器
Tnow	WORD	D8010	当前扫描周期
Tmin	WORD	D8011	最小扫描时间
Tmax	WORD	D8012	最大扫描时间

图 5.24　PLC 变量列表（续）

3．创建程序

本工程需要建立 1 个主程序"Main"和 6 个子程序，子程序分别是"初始化（P1）""数字量输入输出（P2）""急停管理（P3）""机器人 1 通信管理（P4）""自动运行处理（P5）""相机信号处理（P6）"，Main 可以调用另外 6 个子程序。

Main、P1～P3 和项目四的类似，P4～P6 是本项目 PLC 程序中的重点和难点。

4．编辑程序

（1）Main 程序

Main 程序如图 5.25 所示。

（2）初始化（P1）程序

初始化（P1）程序如图 5.26 所示。

该程序的功能主要是初始化一些和相机信息相关的变量，并设置一些标志。

（3）数字量输入/输出（P2）程序

数字量输入/输出（P2）程序和项目四的相比，主要的变化在于对伺服电机 1 和相机 1

的控制上，本项目在手动控制的基础上增加了自动控制，程序如图 5.27 所示。

图 5.25　Main 程序

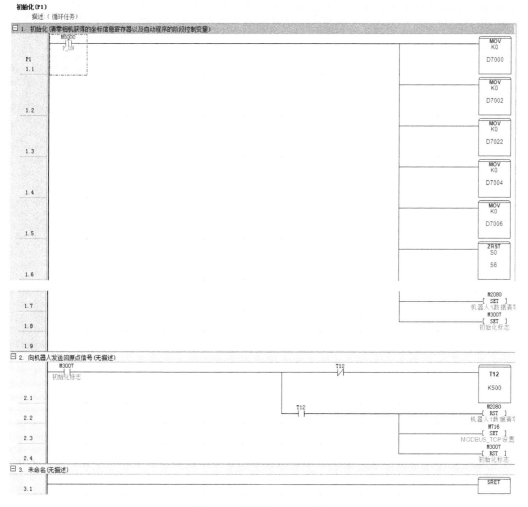

图 5.26　初始化（P1）程序

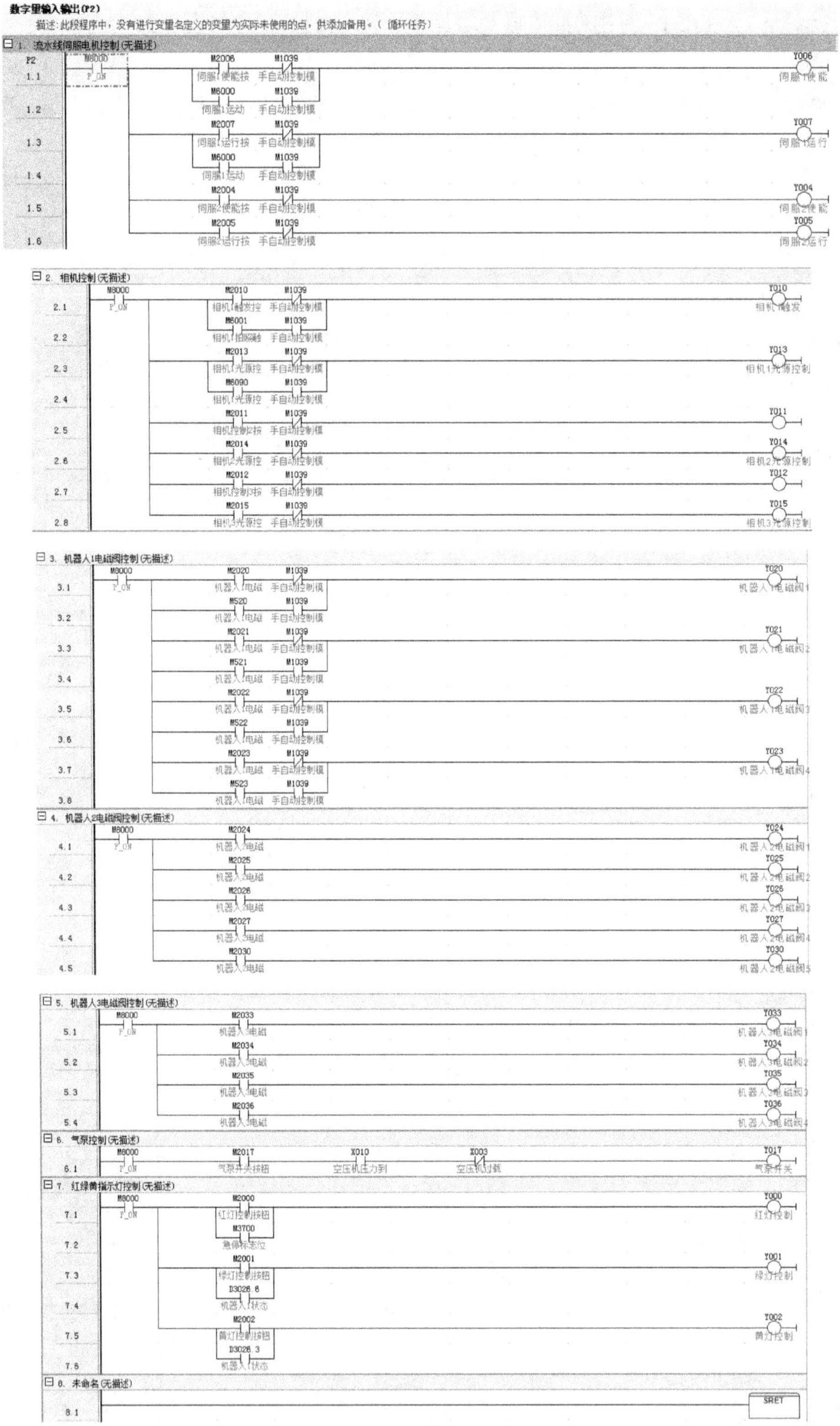

数字里输入输出(P2)

描述:此段程序中,没有进行变量名定义的变量为实际未使用的点,供添加备用。(循环任务)

图 5.27　数字量输入输出（P2）程序

（4）急停管理（P3）程序

急停管理（P3）程序如图 5.28 所示，当停止按钮、急停按钮或者工作站停止按钮生效时，对手动控制按钮变量、相机信息变量等信息进行复位。

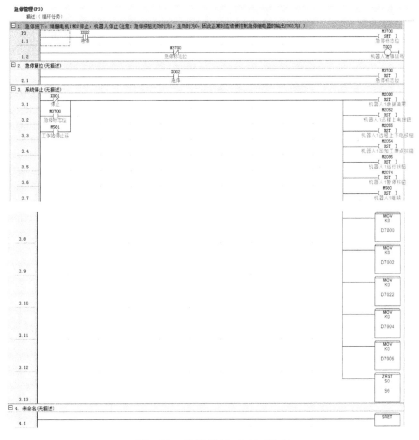

图 5.28　急停管理（P3）程序

（5）机器人 1 通信管理（P4）程序

机器人 1 通信管理（P4）程序如图 5.29 所示，和项目四相比，增加了对工作站停止按钮的处理，以及负责把相机获取的坐标信息发送给机器人。

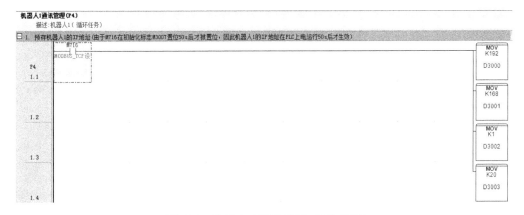

图 5.29　机器人 1 通信管理（P4）程序

2. 建立轮询数据块命令MBTMPDB(轮询从机（机器人1）16位的数据并保存在PLC数据寄存器D3026中，从机数据的起始地址为11（在MODBUS协议中，位地址从1开始编排，而在机器人和PLC中则从0开始编排，这里的位地址11相当于机器人和PLC中的10），轮询时间间隔为10ms)

3. MODBUS TCP通讯管理(联接的状态、联接、断开。联接的状态存放在D3004：0未连接　1在连接，2已连接，3在断开连接。开始建立联接后MT16被复位，完成初始化过程。MBTMSTA：查调 MODBUC TCP的联接状态；MBTMCON：建立MODBUS TCP联接；MBTMOFF：断开MODBUS TCP联接)

4. 对机器人1的操作(机器人状态：上电、下电、回原点、运行、暂停、就绪。M2080在初始化时被置1，5秒后才置0.)

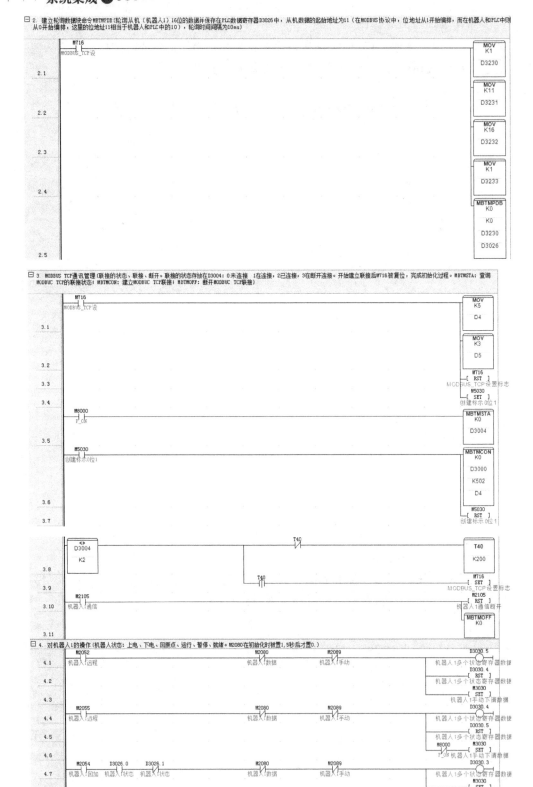

图 5.29　机器人 1 通信管理（P4）程序（续）

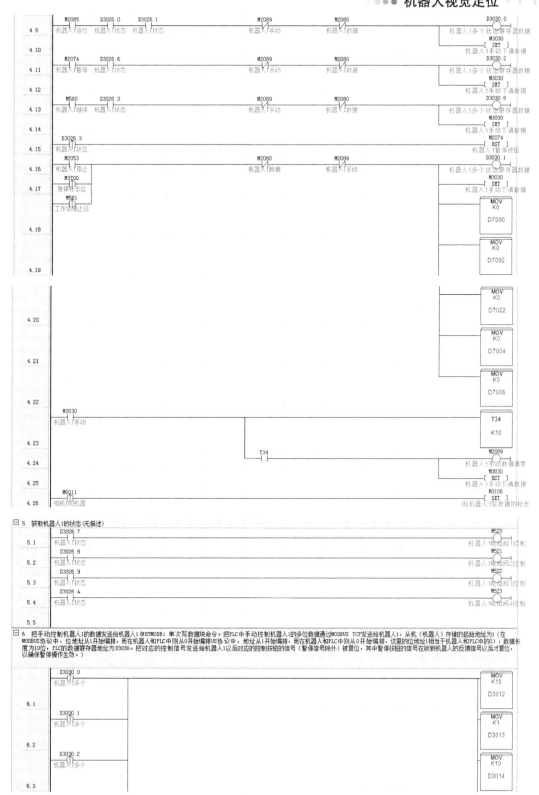

图 5.29　机器人 1 通信管理（P4）程序（续）

图 5.29　机器人 1 通信管理（P4）程序（续）

（6）自动运行处理（P5）

自动运行处理（P5）程序如图 5.30 所示。

（7）相机信号处理（P6）

相机信号处理（P6）程序如图 5.31 所示。

相机信号处理（P6）程序按照如图 5.32 所示的流程对相机的拍照和处理结果进行处理，P6 和 P5 这两个程序共同实现了本项目功能中所描述的（3）～（10）的功能。

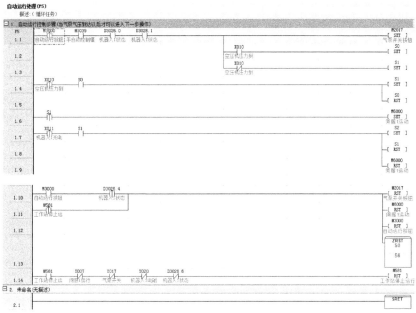

图 5.30 自动运行处理 (P5) 程序

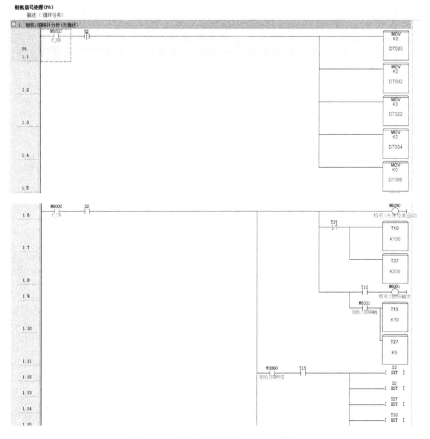

图 5.31 相机信号处理 (P6) 程序

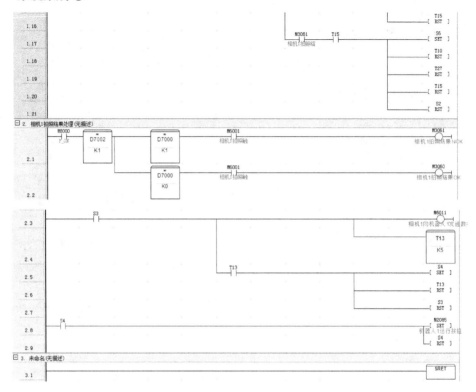

图 5.31　相机信号处理（P6）程序（续）

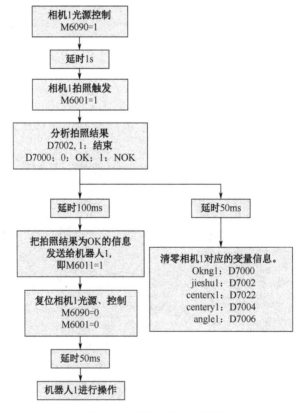

图 5.32　相机信号处理流程

六、NetSCADA 程序的设计 •••

1. 建立 NetSCADA 工程文件

建立一个 NetSCADA 工程，这里把工程的名称定义为 NetSCADAExample5。

2. 建立 OPC 驱动并配置数据块

按照项目一的方法，为工程建立一个 OPC 驱动，用于和海得 PLC 通信，数据块的各种数据见表 5-9，配置好的 OPC 数据块如图 5.33 所示。

表 5-9　OPC 变量表

数据区类型	数 据 范 围	数据区类型	数 据 范 围
X	0~15	M	580~587、1000~1200、2000~2117、3000~3200
Y	0~47	D	3000~3200、7000~7200

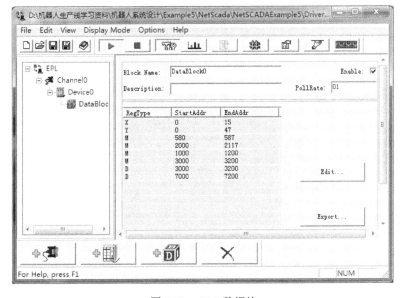

图 5.33　OPC 数据块

3. 配置变量

在项目四的基础上，在自定义变量组中再增加"相机控制变量"组，另外在某些变量组中变量有少许的变动，具体如下：

"数字输入口"组的变量没有变化，在此重列于图 5.34 中。

"数字输入口"组增加变量 Y010，该组的变量如图 5.35 所示。

"按钮控制变量"组的变量没有变化，在此重列于图 5.36 中。

"机器人 1 手动控制变量"组减少 Rob1ProductType、Rob1ProgramSelect 两个变量，增加 SystemAutoRun、SystemStopRun 两个变量，该组中的变量如图 5.37 所示，它们全部都是 OPC 变量。

新增的"相机控制变量"组的所有变量如图6.38所示,其中的4个虚拟变量ViewWidth1、OffsetX1、OffsetY1 和 OffsetA1 都必须启用"脚本支持"属性,初始化方式选择"保存值"(变化时保存),CameraTrigger1 也必须启用"脚本支持"属性。

图 5.34 数字输入口变量

图 5.35 数字输出口变量

图 5.36　按钮控制变量

图 5.37　机器人 1 手动控制变量

	名称	描述	地址	数据类型	变量类型
系统组	OkNg1	产品品质标志，0：合格，1：不合格	Device0:D[7000]	无符号单字	IO变量
IO变量	JieShu1	相机拍照完成情况，完成写1，PLC收到后清0	Device0:D[7002]	无符号单字	IO变量
虚拟变量	CenterX1	工件中心在相机系统中的X坐标	Device0:D[7022]	单精度浮点	IO变量
中间变量	CenterY1	工件中心在相机系统中的Y坐标	Device0:D[7004]	单精度浮点	IO变量
系统变量	Angle1	工件中心在相机系统中的绕Z的偏转角	Device0:D[7006]	单精度浮点	IO变量
节点变量	ViewWidth1	相机需要检测的工件宽度，单位mm		无符号双字	虚拟变量
自定义组	OffsetX1	工件中心在相机视场中的X坐标偏移量		单精度浮点	虚拟变量
数字输入口	OffsetY1	工件中心在相机视场中的Y坐标偏移量		单精度浮点	虚拟变量
数字输出口	OffsetA1	工件中心在相机视场中绕Z的偏转角		单精度浮点	虚拟变量
按钮控制变量	CameraTrigger1	相机触发信号，由0-->1时相机采集1次	Device0:M[2010]	布尔	IO变量
机器人1手动控制					
相机控制变量					

图 5.38　相机控制变量

4. 创建数值映射表

本项目中所需要的数值映射表在项目四的基础上减少程序类别变量，全部的数值映射变量见表 5-10。

表 5-10　数值映射变量表

数值映射变量	值	描　　述
开启或关闭气泵	0	开启气泵
	1	关闭气泵
气泵气压是否到达	0	气泵气压已到达
	1	气泵气压未到达
气泵气压是否过载	0	气泵气压未过载
	1	气泵气压已过载
红灯亮灭	0	亮红灯
	1	灭红灯
绿灯亮灭	0	亮绿灯
	1	灭绿灯
黄灯亮灭	0	亮黄灯
	1	灭黄灯
系统工作模式	0	改为自动运行模式
	1	改为手动运行模式

5. 编辑用户界面窗口

在项目四的基础上再增加"相机 1 的设置与操作"界面，命名为 Camera，外设监控界面和机器人手动控制界面也有少许的变动。

（1）外设监控界面的设计

外设监控界面如图 5.39 所示，和项目四的界面相比，有三个变动的地方：

① 增加 Y010（相机 1 触发信号）。文字部分的属性设置如图 5.39 所示，椭圆的填充表达式为 Y010，其他设置和 Y013 相同。

② 增加"相机 1 触发信号"按钮 相机1触发信号 。其填充和事件属性的设置和"相机 1 光源控制"按钮 相机1光源控制 类似，只是把相应的变量改为 CameraTrigger1（M2010）。

③ 增加"相机设置界面"切换按钮 相机设置界面 。其事件的功能是实现当鼠标左键松开时切换到"相机 1 的设置与操作"界面（Camera）。

（2）机器人手动控制界面的设计

机器人手动控制界面如图 5.40 所示，该界面在项目四的基础上减少了程序类别按钮，增加了工作站自动运行按钮、工作站停止按钮和相机设置界面切换按钮，其中相机设置界面切换按钮和外设监控界面对应按钮的设置相同。

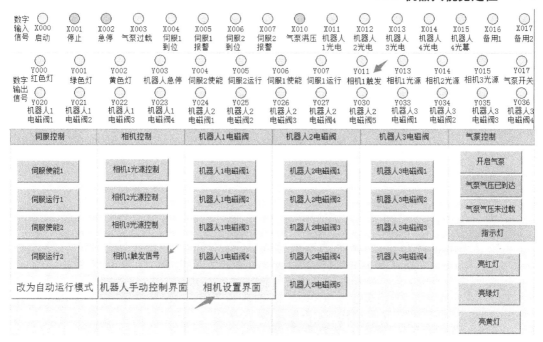

图 5.39　外设监控界面

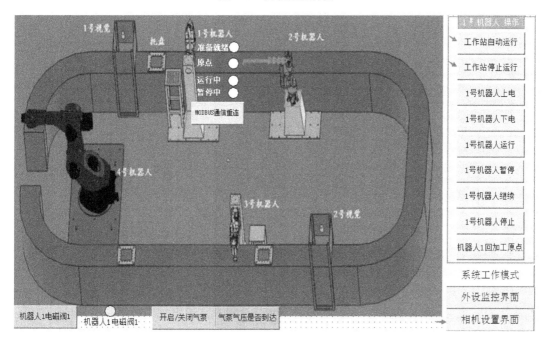

图 5.40　机器人手动控制界面

工作站自动运行按钮、工作站停止按钮的属性见表 5-11。

表 5-11　工作站自动运行按钮、工作站停止按钮的属性设置

按　钮	显示表达式	填　充		事　件
工作站自动运行按钮	Rob1Rdy && Rob1IsHome && SystemWorkMode && SystemAutoRun==0	表达式：SystemAutoRun（范围：0、1）		鼠标左键按下，开关赋值：SystemAutoRun
		背景色（浅蓝）：色调 120，饱和度 240，亮度 180，红 128，绿 255，蓝 255		
		实体填充色（蓝色）：色调 160，饱和度 240，亮度 120，红 0，绿 0，蓝 255		
工作站停止按钮	SystemAutoRun	表达式：无		鼠标左键按下，开关赋值：SystemStopRun
		背景色（浅蓝）：色调 120，饱和度 240，亮度 180，红 128，绿 255，蓝 255		
		实体填充色：无		

（3）相机 1 的设置与操作界面的设计

相机 1 的设置与操作界面如图 5.41 所示，其中的外设监控界面、机器人手动控制界面的切换按钮和外设监控界面、机器人手动控制界面相应按钮的设置相同。

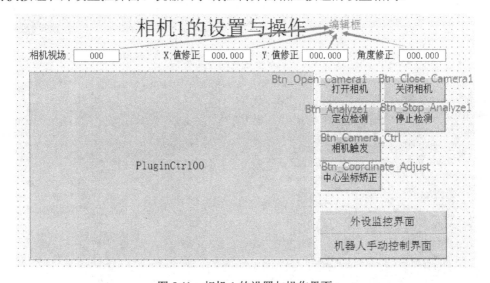

图 5.41　相机 1 的设置与操作界面

4 个编辑框的属性设置见表 5-12。

PluginCtrl00 是用户控件，该控件是为了访问相机系统，其配置属性如图 5.42 所示，控件参数中的配置是为了选择相机驱动，这里选择 Basler Camera。在本项目中，使用的相机系统如图 5.43 所示，相机通过网线直接和 PC 机相连，相机的电源线和触发信号则通过另外一条电缆接入。为了适应工件的大小和距离，还在相机上加了镜头进行调焦。

为了使用相机的定位检测功能，还需要把动态链接库文件 Tray_Position_ImageAnalyzeLib.dll 放入项目目录的子目录"plugin\ImageAnalyzeLib\"中或者 NetSCADA 监控现场（Field）安装目录的子目录"plugin\ImageAnalyzeLib\"中。

和机器人 1 配套的 Basler 相机的 MAC 地址为 00：30：53：17：64：B8，这个 MAC 地址将在后面的脚本中使用。

表 5-12　编辑框的属性设置

编　辑　框	文　　本	变量表达式
相机视场	000	类型：整数 表达式：ViewWidth1 勾选"控制点""编辑时弹出输入对话框"
X 值修正	000.000	类型：浮点数 表达式：OffsetX1 小数位数：3 勾选"控制点""编辑时弹出输入对话框"
Y 值修正	000.000	类型：浮点数 表达式：OffsetY1 小数位数：3 勾选"控制点""编辑时弹出输入对话框"
角度修正	000.000	类型：浮点数 表达式：OffsetA1 小数位数：3 勾选"控制点""编辑时弹出输入对话框"

图 5.42　用户控件 PluginCtrl00 的配置

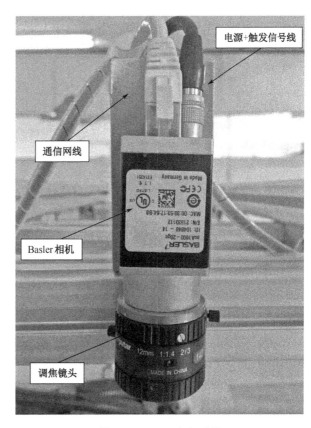

图 5.43　Basler 相机系统

相机的各个设置与控制按钮的命名见表 5-13，这里的按钮之所以要给其命名是因为在本界面的脚本中需要用到这些对象名称。如图 5.44 所示，单击脚本控件，可以打开本界面的脚本编辑界面，相机 1 的设置与操作界面的脚本代码如图 5.45 所示。本项目中不要求一定要掌握这些代码的含义，感兴趣的读者可以参阅"工业相机嵌入 NetSCADA 开发说明"。

如图 5.46 所示，启用相机定位检测功能的步骤如下：

输入相机视场的数值，这里固定为 280→如果标定 fDetection 时坐标有偏置，则在 X、Y 和角度修正编辑框中输入相应的值→单击打开相机按钮、定位检测按钮。

表 5-13　相机设置与控制按钮命名表

按钮	对象名称	按钮	对象名称
打开相机	Btn_Open_Camera1	关闭相机	Btn_Close_Camera1
定位检测	Btn_Analyze1	停止检测	Btn_Stop_Analyze1
相机触发	Btn_Camera_Ctrl	中心坐标矫正	Btn_Coordinate_Adjust

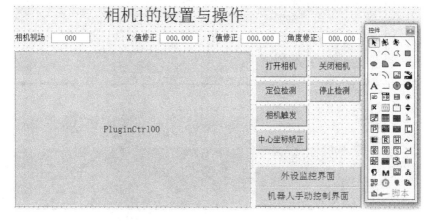

图 5.44　打开界面脚本示意图

```
Dim analyze1        '相机触发方式控制，0：免触发，1：需触发
analyze1=0


'═══相机 1 ═══════════════════════════
Function SetColorValue1（）
        '彩色均衡
        Call PluginCtrl00.SetParameter_EX（113，"BalanceRatioSelector"，" BalanceRatioSelector=
Blue"）
        Call PluginCtrl00.SetParameter_EX（113，"BalanceRatioRaw"，"BalanceRatioRaw= 124"）
        Call PluginCtrl00.SetParameter_EX（113，"BalanceRatioSelector"，" BalanceRatioSelector=
Green"）
        Call PluginCtrl00.SetParameter_EX（113，"BalanceRatioRaw"，"BalanceRatioRaw= 96"）
        Call PluginCtrl00.SetParameter_EX（113，" BalanceRatioSelector"，" BalanceRatioSelector=
Red"）
        Call PluginCtrl00.SetParameter_EX（113，"BalanceRatioRaw"，"BalanceRatioRaw= 186"）

        Call PluginCtrl00.SetParameter_EX（113，"LineSelector"，"LineSelector= Line1"）
```

图 5.45　相机 1 的设置与操作界面脚本代码

```
            Call      PluginCtrl00.SetParameter_EX     （  113  ，    "LineDebouncerTimeAbs"   ，
"LineDebouncerTimeAbs= 50"）
        End Function


    '打开相机操作
    Sub Btn_Open_Camera1_Click（）
        '设置相机 ID，该相机的 IP 为 10.1.30.200
        Call PluginCtrl00.SetParameter（101，"00-30-53-17-64-B8"）
        Call PluginCtrl00.SetParameter_EX（113，  "Width"，"Width = 1624"）
        Call PluginCtrl00.SetParameter_EX（113， " Height"，"Height = 1234"）
        Call PluginCtrl00.SetParameter_EX（113， " PixelFormat"， " PixelFormat= BayerBG8"）'
设置相机像素格式
        Call  PluginCtrl00.SetParameter_EX（113，"FrameRate"，"AcquisitionFrameRateAbs=5"）'
设置相机的帧率
        Call      PluginCtrl00.SetParameter_EX     （   113   ，       "FrameRateEnable"    ，
"AcquisitionFrameRateEnable=1"）'启用设置的相机帧率
        Call PluginCtrl00.SetParameter_EX（113， "ExposureTime"，"ExposureTimeRaw = 5000"）
'设置曝光时间


        '设置触发方式
        If analyze1=0 Then
            '当 TriggerMode= Off 时，相机上电后一直处于打开的状态，即连续采集
            Call PluginCtrl00.SetParameter_EX（113，"Trigger"，"TriggerMode= Off"）
            Call PluginCtrl00.SetParameter_EX（113， "TimeOut"，"TimeOut=1000"）
        ElseIf analyze1=1 Then
            '当 TriggerMode= On 时，相机的控制信号产生上升沿时才采集 1 次
            Call PluginCtrl00.SetParameter_EX（113，"Trigger"，"TriggerMode= On"）
            Call PluginCtrl00.SetParameter_EX（113， "TimeOut"，"TimeOut=10000"）
        End If


        '==============================================
        Call PluginCtrl00.SetParameter_EX（113，"LineSelector"，"LineSelector= Line1"）'设置相
机触发脉冲信号宽度
        Call      PluginCtrl00.SetParameter_EX     （   113   ，       "LineDebouncerTimeAbs"    ，
"LineDebouncerTimeAbs= 50"）'信号宽度值 1-20000μs
        '==============================================


        Call PluginCtrl00.SetParameter（102，""）'打开相机
        Call PluginCtrl00.SetParameter（104，""）'开始摄像


        Call SetColorValue1（）'设置彩色均衡

        Btn_Open_Camera1.FillBackColor=RGB（0，255，0）'绿色
        Btn_Close_Camera1.FillBackColor=RGB（192，192，192）'灰色
    End Sub

    '关闭相机操作
    Sub Btn_Close_Camera1_Click（）
        analyze1=0
```

图 5.45　相机 1 的设置与操作界面脚本代码（续）

```
            Call PluginCtrl00.SetParameter（105，""）'停止摄像
            Call PluginCtrl00.SetParameter（103，""）'关闭相机

            Btn_Open_Camera1.FillBackColor=RGB（192，192，192）'灰色
            Btn_Close_Camera1.FillBackColor=RGB（0，255，0）'绿色
    End Sub

    '定位检测
    Sub Btn_Analyze1_Click（）
        '如果相机的工作模式为连续采集模式则改为触发模式
        If analyze1=0 Then
                Call Btn_Close_Camera1_Click（）
                analyze1=1
                Call Btn_Open_Camera1_Click（）
        End If

        '将分析库结果需要用到的 I/O 变量传入接口
        Call PluginCtrl00.SetParameter（127，"OkNg1，JieShu1，CenterX1，CenterY1，Angle1"）

        '启动相机视频数据分析
        para1="Key=0001-0002-0003-0004 ； LibName=Tray_Position_ImageAnalyzeLib ；
FuncIndex=0；AnalyzeRate=300；ShowInfo=1；bDoubleWindow=0； "
            para2="Parameters= "+CStr（ViewWidth1.Value）+"，1，"+CStr（OffsetX1.Value）+"，"+CStr
（OffsetY1.Value）+"，"+CStr（OffsetA1.Value）+"； "
            'para2="Parameters= "+CStr（0）+"，1，"+CStr（OffsetX1.Value）+"，"+CStr（OffsetY1.Value）
+"，"+CStr（OffsetA1.Value）+"； "

            para=para1+para2
            Call PluginCtrl00.SetParameter（114，para）

            Btn_Stop_Analyze1.FillBackColor=RGB（192，192，192）'灰色
            Btn_Analyze1.FillBackColor=RGB（0，255，0）'绿色
            Btn_Coordinate_Adjust.FillBackColor=RGB（192，192，192）
    End Sub

    '停止检测操作
    Sub Btn_Stop_Analyze1_Click（）
        Call PluginCtrl00.SetParameter（115，""）'停止相机视频数据分析
        Btn_Stop_Analyze1.FillBackColor=RGB（0，255，0）
        Btn_Analyze1.FillBackColor=RGB（192，192，192）

        Btn_Coordinate_Adjust.FillBackColor=RGB（192，192，192）

        CameraTrigger1.Value=0'相机触发
    End Sub

    '工件中心坐标矫正
    Sub Btn_Coordinate_Adjust_Click（）
        '停止相机视频数据分析
```

图 5.45 相机 1 的设置与操作界面脚本代码（续）

```
        Call PluginCtrl00.SetParameter（115，""）
        '将分析库结果需要用到的 I/O 变量传入接口
        Call PluginCtrl00.SetParameter（127，"OkNg1，JieShu1，CenterX1，CenterY1，Angle1"）

        '启动相机视频数据分析
        para1="Key=0001-0002-0003-0004   ；   LibName=Tray_Position_ImageAnalyzeLib   ；
FuncIndex=1；AnalyzeRate=300；ShowInfo=1；  bDoubleWindow=0；  "
        para2="Parameters= "+CStr（ViewWidth1.Value）+"，1，"+CStr（OffsetX1.Value）+"，"+CStr
（OffsetY1.Value）+"，"+CStr（OffsetA1.Value）+"； "
        para=para1+para2
        Call PluginCtrl00.SetParameter（114，para）

        Btn_Analyze1.FillBackColor=RGB（192，192，192）
        Btn_Stop_Analyze1.FillBackColor=RGB（192，192，192）
    End Sub

    Sub Btn_Camera_Ctrl_Click（）
        '相机控制按钮的作用是使相机触发信号在 0、1 之间切换
End Sub
```

图 5.45 相机 1 的设置与操作界面脚本代码（续）

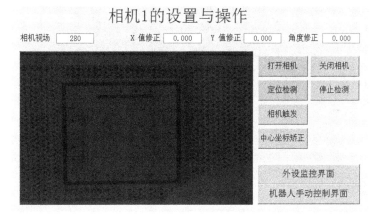

图 5.46 相机定位检测设置界面

6. 设置运行参数

将程序运行时自动打开的窗口设为 MainPage.gpi。

七、练习 ●●●

1. 练习 1

功能要求

在项目五的基础上，把要控制的 1 号机器人 Ts40 改变为控制 2 号机器人 Tx60，相应

的相机系统变为 2 号相机，手动功能不变，自动运行的工作过程如下：

① 相机设置。在上位机的相机设置界面上设置好相机，使其具备定位检测的功能。

② 空的钢珠托盘放于流水线的传送带上。

③ 在上位机控制界面上切换到自动运行模式，并单击工作站自动运行按钮。

④ 传送带运行。

⑤ 钢珠托盘遮挡机器人 2 光电传感器，传送带停止。

⑥ 相机 2 光源开启。

⑦ 延时一段时间。

⑧ 相机 2 拍照。

⑨ 相机 2 获得钢珠托盘的位置信息并传给机器人 2。

⑩ 机器人 2 进行模拟涂胶动作。

其中，需要涂胶的钢珠托盘放在流水线上，随流水线一起运动，其涂胶路径如图 5.47 所示。具体来说，涂胶轨迹共包含 4 段直线和 4 段圆弧，所需要的轨迹点为 pCircle1A、pCircle1B、pCircle1C、pCircle2A、pCircle2B、pCircle2C、pCircle3A、pCircle3B、pCircle3C、pCircle4A、pCircle4B 和 pCircle4C，所有的轨迹点均定义在托盘工件坐标系 fPalletCov 中。

另外，2 号机器人 Tx60 工装夹具的 5 个电磁阀为可选控制项。

图 5.47　涂胶路径示意图

已知条件：

（1）相关提示

① 机器人程序、PLC 程序和 NetSCADA 程序都需要修改。

② 机器人对应的 IP 地址为 192.168.1.21。

③ 相机 2 对应的 ID 为 00-30-53-17-61-C9。

④ 在不考虑需要在同一个 PLC 程序和 NetSCADA 程序中对多台机器人、多台相机进行控制的情况下，除了机器人的 IP 地址、相机的 ID、电磁阀数量引起的变化等，其他的变量定义可以沿用本项目的情况。这里之所以对大部分变量进行修改，是为了方便编写 PLC 程序和 NetSCADA 程序，对多台机器人、多台相机进行控制。

⑤ 练习所需要的所有信号见表 5-14、表 5-15、表 5-16、表 5-17、表 5-18、表 5-18 和表 5-20。

表 5-14 外设 I/O 分配表

外　设	PLC	PC NetSCADA	I/O 类型，以 PLC 为主体
启动按钮	X000	X000	I，高电平有效
停止按钮	X001	X001	I，低电平有效
急停按钮	X002	X002	I，低电平有效
气泵是否过压	X003	X003	I，低电平有效
伺服电机 1 到位信号	X004	X004	I，高电平有效
伺服电机 1 报警信号	X005	X005	I，高电平有效
伺服电机 2 到位信号	X006	X006	I，高电平有效
伺服电机 2 报警信号	X007	X007	I，高电平有效
气泵是否满压	X010	X010	I，高电平有效
输入备用 1	X011	X011	I，高电平有效
输入备用 2	X012	X012	I，高电平有效
机器人 1 光电信号	X013	X013	I，高电平有效
机器人 2 光电信号	X014	X014	I，高电平有效
机器人 3 光电信号	X015	X015	I，高电平有效
机器人 4 光电信号	X016	X016	I，高电平有效
输入备用 3	X017	X017	I，高电平有效
红色指示灯	Y000	Y000	O
绿色指示灯	Y001	Y001	O
黄色指示灯	Y002	Y002	O
机器人 1 急停信号 机器人 2 急停信号 机器人 3 急停信号	Y003	Y003	O，低电平有效
流水线伺服电机 2 使能	Y004	Y004	O
流水线伺服电机 2 运行	Y005	Y005	O
流水线伺服电机 1 使能	Y006	Y006	O
流水线伺服电机 1 运行	Y007	Y007	O
相机 2 触发信号	Y011	Y011	O
相机 1 光源控制	Y013	Y013	O
相机 2 光源控制	Y014	Y014	O
相机 3 光源控制	Y015	Y015	O
气泵开关	Y017	Y017	O
机器人 1 电磁阀 1	Y020	Y020	O
机器人 1 电磁阀 2	Y021	Y006	O
机器人 1 电磁阀 3	Y022	Y007	O
机器人 1 电磁阀 4	Y023	Y023	O
机器人 2 电磁阀 1	Y024	Y024	O
机器人 2 电磁阀 2	Y025	Y025	O
机器人 2 电磁阀 3	Y026	Y026	O
机器人 2 电磁阀 4	Y027	Y027	O
机器人 2 电磁阀 5	Y030	Y030	O

续表

外　设	PLC	PC NetSCADA	I/O 类型，以 PLC 为主体
机器人 3 电磁阀 1	Y033	Y033	O
机器人 3 电磁阀 2	Y034	Y034	O
机器人 3 电磁阀 3	Y035	Y035	O

表 5-15　控制按钮信号分配表

外　设	PLC	PC NetSCADA	备　注
红色指示灯按钮	M2000	M2000	
绿色指示灯按钮	M2001	M2001	
黄色指示灯按钮	M2002	M2002	
流水线伺服电机 2 使能按钮	M2004	M2004	
流水线伺服电机 2 运行按钮	M2005	M2005	
流水线伺服电机 1 使能按钮	M2006	M2006	
流水线伺服电机 1 运行按钮	M2007	M2007	
相机 2 触发控制按钮	M2011	CameraTrigger2	
相机 1 光源控制按钮	M2013	M2013	
相机 2 光源控制按钮	M2014	M2014	
相机 3 光源控制按钮	M2015	M2015	
气泵开关按钮	M2017	M2017	
机器人 1 电磁阀 1 按钮	M2020	M2020	
机器人 1 电磁阀 2 按钮	M2021	M2021	
机器人 1 电磁阀 3 按钮	M2022	M2022	
机器人 1 电磁阀 4 按钮	M2023	M2023	
机器人 2 电磁阀 1 按钮	M2024	M2024	
机器人 2 电磁阀 2 按钮	M2025	M2025	
机器人 2 电磁阀 3 按钮	M2026	M2026	
机器人 2 电磁阀 4 按钮	M2027	M2027	
机器人 2 电磁阀 5 按钮	M2030	M2030	
机器人 3 电磁阀 1 按钮	M2033	M2033	
机器人 3 电磁阀 2 按钮	M2034	M2034	
机器人 3 电磁阀 3 按钮	M2035	M2035	
机器人 3 电磁阀 4 按钮	M2036	M2036	

表 5-16　机器人 2 对外设的控制请求信号分配表

机器人 2 对外设的控制请求	ROBOT	PLC
机器人 2 电磁阀 1 控制	dOutAction[0]（O）	D3064.7、M524
机器人 2 电磁阀 2 控制	dOutAction[1]（O）	D3064.8、M525
机器人 2 电磁阀 3 控制	dOutAction[2]（O）	D3064.9、M526
机器人 2 电磁阀 4 控制	dOutAction[3]（O）	D3064.A、M527
机器人 2 电磁阀 5 控制	dOutAction[4]（O）	D3064.B、M530

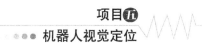

表 5-17 机器人 2 的状态变量信号分配表

机器人 2 状态	ROBOT	PLC	NetSCADA
准备就绪	dOutRobRdy（O）	D3064.0	D3064：0
加工原点	dOutIsHome（O）	D3064.1	D3064：1
运行中	dOutIsMoving（O）	D3064.6	D3064：6
暂停中	dOutIsPause（O）	D3064.3	D3064：3
加工完成	dOutIsFinish （O）	D3064.4	

表 5-15 对机器人 2 的手动控制信号分配表

机器人 2 手动控制	ROBOT	PLC	NetSCADA
通信重新连接	无	M2106	M2106
上电	dInEnaPower（I）	M2056、D3068.5	M2056
下电	dInDisPower（I）	M2059、D3068.4	M2059
运行	dInStartCycle（I）	M2086、D3068.0	M2086
暂停	dInPauseCycle（I）	M2075、D3068.2	M2075
继续	dInRestartCycle（I）	M582、D3068.8	M582
停止	dInStopCycle（I）	M2057、D3068.1	M2057
回加工原点	dInResetRob（I）	M2058、D3068.3	M2058
手自动运行模式		M1039	M1039
机器人工作站自动运行		M3000	M3000
机器人工作站停止运行		M581	M581

表 5-19 相机 2 设置与控制信号分配表

变量名	描述	数据类型	变量类型	地址	NetSCADA	PLC
OkNg2	相机 2 拍照质量	无符号单字	I/O 变量	D7008	√	√
JieShu2	相机 2 拍照完成情况	无符号单字	I/O 变量	D7010	√	√
CenterX2	工件中心在相机 2 系统中的 X 轴坐标	单精度浮点数	I/O 变量	D7024	√	√
CenterY2	工件中心在相机 2 系统中的 Y 轴坐标	单精度浮点数	I/O 变量	D7012	√	√
Angle2	工件中心在相机 2 系统中的绕 Z 轴的偏转角	单精度浮点数	I/O 变量	D7014	√	√
ViewWidth2	相机需要检测的工件宽度，单位 mm	无符号双字	虚拟变量		√	
OffsetX2	工件中心在相机视场中的 X 轴坐标偏移量	单精度浮点数	虚拟变量		√	
OffsetY2	工件中心在相机视场中的 Y 轴坐标偏移量	单精度浮点数	虚拟变量		√	
OffsetA2	工件中心在相机视场中绕 Z 轴的偏转角	单精度浮点数	虚拟变量		√	
CameraTrigger2	相机 2 触发信号，由 0-->1 时相机 2 采集 1 次	布尔	I/O 变量	M2011	√	√

表 5-20　PLC 其他辅助变量信号分配表

变　量　名	地　址	变　量　名	地　址
机器人 2Modbus_TCP 设置标志	M717	机器人 2 数据清零标志	M2081
机器人 2 手动模式下数据清零	M2090	初始化标志	M3007
相机 2 拍照结果 OK	M3062	机器人 2 有手动控制数据的标志	M3031
相机 2 拍照结果 NOK	M3063	向机器人 2 发送相机 2 采集到的坐标信息的标志	M3105
急停标志	M3700	机器人 2Modbus_TCP 建立连接标志	M5040
伺服 1 运动	M6000	相机 2 拍照触发	M6032
相机 2 向机器人 2 发生数据	M6033	相机 2 光源自动控制	M6091
自动运行进入第 1 阶段的标志	S0	自动运行进入第 2 阶段的标志	S1
自动运行进入第 3 阶段的标志	S2	自动运行进入第 4 阶段的标志	S3
自动运行进入第 5 阶段的标志	S4	自动运行进入第 6 阶段的标志	S5
缓存 MBTMCON 指令信息	D4～D5	缓存机器人 2IP 地址	D3040～D3043
机器人 2Modbus 连接状态	D3044	缓存 MBTMODB 指令信息	D3051～D3053
机器人 2 反馈回来的状态数据	D3064	发送给机器人 2 的控制数据	D3068
缓存 MBTMPDB 指令信息	D3250～D3253	等待相机 2 光源稳定的计时器	T11
数据清零计时器	T12	机器人 2 自动加工等待计时器	T14
相机 2 的结果处理等待计时器	T16	机器人 2 手动控制数据清零计时器	T35
定时器 T11 超时复位定时器	T38	机器人 2 Modbus_TCP 断开计时器	T41

⑥ 需要在机器人程序中标定一个相机坐标系 fDetection，并定义一个托盘工件坐标系 fPalletCov，fPalletCov 的值由 fDetection 变化而来。涂胶路径所需要的坐标点示教在 fPalletCov 坐标系上。

（2）fDetection 坐标系的标定

标定 fDetection 时，Tx60 机器人需要装上如图 4.25 所示的涂胶工具，然后把如图 5.47 所示的托盘放于相机 2 正下方的流水线上。fDetection 坐标系的标定过程如下：

① 开光源。在 NetSCADA 界面中切换到手动运行模式，然后打开相机 2 光源。

② 复位修正值。切换到如图 5.48 所示的相机 2 的设置与操作界面，把相机视场、X 值修正、Y 值修正和角度修正分别设为 280、0、0 和 0。

③ 获取托盘的位置信息。依次单击"打开相机""定位检测""相机触发"三个按钮，获得钢珠托盘在相机视场中的位置信息，如图 5.48 所示。此处的信息为 9.034、6.849、0.000，分别对应 X 值、Y 值、角度。

④ 设置修正值。把钢珠托盘的位置信息的相反数填入对应的修正值中，如图 5.49 所示。

⑤ 关闭相机。依次单击相机触发、停止检测和关闭相机 3 个按钮，如图 5.50 所示。

⑥ 重新检测。再依次单击"打开相机""定位检测""相机触发"三个按钮，获得钢珠托盘在相机视场中的位置信息，如图 5.51 所示，理想情况下 X 值、Y 值、角度这 3 个值应该全部为 0，如果有小的偏差值也属于正常。

⑦ 示教 fDetection。在机器人系统中标定托盘的工件坐标系，这个坐标系就是 fDetection，其值如图 5.52 所示。示教时工具选择 tPointer（如图 4.25 所示的涂胶工具），坐标系选择 World。

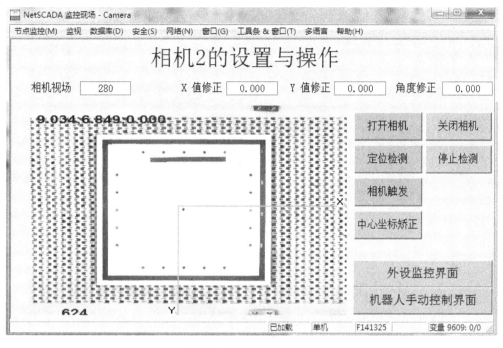

图 5.48 钢珠托盘位置信息

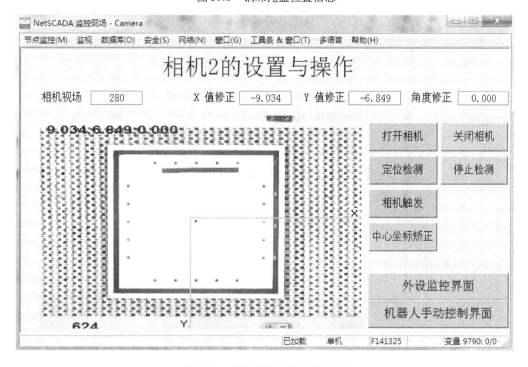

图 5.49 钢珠托盘位置信息修正

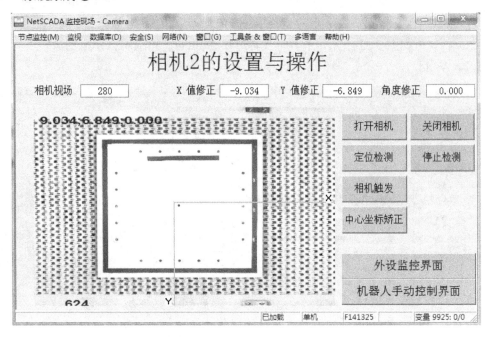

图 5.50　关闭相机

（3）计算并设置 fPalletCov

当 fDetection 的值确定以后，可以通过计算获得 fPalletCov 坐标系的值。由于鼠标座的位置信息已经完全修正，此时只需要在 fDetection 的基础上加上相应的偏移量即可，即把 X 坐标加上 150（托盘长度的 1 半）、Y 坐标减去 150（托盘宽度的 1 半），其他值不变，具体的值如图 5.53 所示。

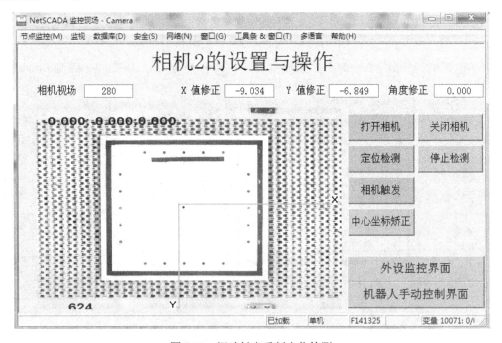

图 5.51　钢珠托盘重新定位检测

（4）涂胶路径示教

当 fDetection 和 fPalletCov 坐标系确定以后，在保持钢珠托盘当前位置不变的情况下，途径路径所需要的标定也应该在此时示教好，示教时工具选择 tPointer，坐标系选择 fPalletCov。

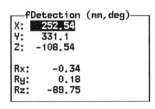

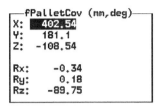

图 5.52　fDetection 坐标系　　　　　　图 5.53　fPalletCov 坐标系

2. 练习 2

功能要求：

机器人多工作站的系统集成，具体是把 PC、PLC、Ts40 机器人、Tx60 机器人和相机五者进行集成。

练习要实现的功能如下：

空托盘放于传送带→传送带运行→空托盘到达第一台机器人光电位置→传送带停止→机器人 1 对应的相机拍照→PLC 把机器人 1 对应的相机坐标传给机器人 1→机器人 1 进行作业→机器人 1 作业完成，传送带运行→托盘到达第二台机器人光电位置→传送带停止→机器人 2 对应的相机拍照→PLC 把机器人 2 对应的相机坐标传给机器人 2→机器人 2 进行作业→机器人 2 作业完成，所有任务结束。

根据功能要求，重新编写机器人、PLC 和 NetSCADA 对应的程序

已知条件：

利用项目五和练习 1 进行整合。